# 木の教え

塩野米松

筑摩書房

目次

## II　木の知恵

## III

# 木の教え

画　三上修

# まえがき

人はさまざまなことを経験し、失敗を重ねて大人になっていきます。そうして大人になっても、まだまだ知らないことばかりです。職人たちは自分が一歩進めば、その分だけ疑問が見え、自分の未熟さがわかるといいます。人は死ぬまでさまざまなことを学んでいきます。学ぶことの基本は驚きです。

驚きは新しい知識につながるのです。

同じように哀しみも知識の元です。人は成功からだけ学ぶのではありません。むしろ失敗からこそ学ぶことが多いのです。人は人からさまざまな知識や生き方を教わりますが、社会や自然や生きものとのつきあいから学ぶことも多いのです。

そうやって手に入れた知識のなかには、お祖父《じい》さん、お父さん、私たち、私たちの子供、孫へと何世代も伝わっていくうちに、より磨《みが》かれ輝くものもあれば、時間のヤスリに負けてすり減って消えていくものもあります。

また新しく生まれたり、発見された知識が古い知識の上に積み重なって、前の知識を覆い隠してしまうこともあります。

でも新しく見える知識がすべて正しいわけではありません。新しい知識にも勘《かん》違《ちが》いがありますし、新しい知識を頼りに進んでいったら迷路に迷い込むこともあるのです。必要がないとして忘れられた古い知識が時間を経《へ》てから見直されることもあります。だから人は歴史を学び、年寄りたちの話を聞くのです。

この本では、木を相手に仕事をしてきた人たちを訪ね歩き、その方々から教えていただいた話を集めました。

木は人に似ています。一本一本が異なる個性を持っています。木を扱う人たちはそれを癖《くせ》と呼んでじょうずに扱ってきました。木の一生は人間社会で生きぬく私たちの姿に似ています。環境がよければ速く太り、大きくなりますが、厳しい条件を生きぬいてきたものにはかなわないところがあります。

かつては日本人にとって木は身近なもので、私たちはそこからたくさんのことを感じ、学び取ってきました。木とつきあってきた人たちが持っていた知恵から学ぶこともたくさんありました。しかし、現代人の目には森や山の仕事が見えにくくなっています。それを扱っていた職人の姿も消えました。昔なら、それらの人たちの話を教訓として直接聞くことができましたが、いまはそうしたチャンスは失われてしまったのです。

現代人は科学という新しい知識を手に入れ、効率第一主義の道を選んでしまいました。一本一本個性のある木を、まったく同一のものとして扱うことを選択したのです。そして強い個性を持ったものは効率を高めるために、障害物として排《はい》除《じょ》されるようになりました。

この考え方は人間に対しても用いられ、社会は人々をみんな同じ性格、同じ素質のものとして扱おうとしています。そのほうが管理しやすく、効率がいいからです。こうした現代だからこそ、木とつきあってきた人たちが持っていた知恵、自然とのつきあい方を振り返ってみることが大事な気がします。それらは私たちが置き忘れてきた大切なことを教えてくれるはずです。

# Ⅰ　木を生かす

# 木の二つのいのち

木は二つのいのちを持っています。

一つは植物としてのいのちです。木は生きものとして、地中に根をはり、幹《みき》を立て、空に向かって葉を茂らせ、花を咲かせ、実をならせ、種をつくって子孫を増やしながら生きています。人は実がなれば食べ、花や葉、姿を美しいと思って愛《め》でてきました。それは自然にある植物そのもののいのちの利用法です。

もう一つは木材としてのいのちです。

木は伐《き》り倒《たお》された後に、木材としてのいのちを得ます。

人間たちはさまざまに木材を使ってきました。家を建て、棚《たな》をつくり、ベッドや箱、障子《しょうじ》や窓のさんをつくり、舟をつくり、橋を架《か》け、鍬《くわ》や鎌《かま》の柄《え》にし、樹皮《じゅひ》を剝《は》いで容《い》れ物《もの》をつくったりしてきました。人間は木材なくしては生きてこられなかったでしょう。

せっかく長い時間をかけて育った木を伐って使うのですから、むだなくじょうずに使おうと人々はさまざまに工夫してきました。

木にはそれぞれ種類によって個性があり、違った性質があります。それを実際に使ってみることで検証し、失敗は排除《はいじょ》し、それぞれの性質を見ぬき、知識として受け継いできたのです。

千三百年前に建てられた奈良の法隆寺《ほうりゅうじ》は、つくられた当時のままの姿で今も建っています。その伽藍《がらん》は世界で最古の木造建築として世界遺産にも指定されています。その建物はぼろぼろになってもいなければ、壊れかけたものを何とか支えて建たせているわけでもありません。

五重塔《ごじゅうのとう》の下に立って、一重、二重、三重と重なる軒先《のきさき》の隅《すみ》を見あげれば、今も一重から五重まで天に向かって真っ直ぐの線になって伸びています。傾いたり、歪《ゆが》んだりしていないのです。みごとな仕事と感心します。これは木が材になった二つ目のいのちをみごとに使ってきた証です。日本人にはこうした木の二つのいのちを使いきる技と知恵があったのです。

## 宮大工の口伝

法隆寺《ほうりゅうじ》を今に至《いた》るまで守ってきたのは法隆寺つきの宮大工《みやだいく》たちでした。彼らは長い修業をして千三百年前に法隆寺を建てた大工たちの技法を身につけ、木に対する考えや知恵を引き継ぎながら法隆寺を守ってきたのです。

建物を長く維持するためには、技も欠かせない大事な要素ですが、木の癖《くせ》を見ぬき、それを生かすことができなければなりません。さらに創建《そうけん》当時の大工たちが木や建物をどう考え、木からどうやって部材をつくり、それをどう組み上げてきたかを知らなければなりません。

法隆寺が世界最古の木造建築として現在に残っている大きな理由は、丈夫で建築に適した檜《ひのき》という木が日本にあったことと、それを生かすことのできる腕のいい大工たちがいたことにあります。材になってからの木のいのちの生かし方は、それ以前の植物として生きていたときの姿を知ることと深く関わっています。

寺社《じしゃ》・堂塔《どうとう》（お寺や神社、塔やお堂）をつくり、守る人たちは宮大工（昔は寺社番匠）と呼ばれます。かつては各寺社ごとに専属の大工がいました。大工には棟梁《とうりょう》と呼ばれる人がいます。建築に関わる多くの職人たちを統率《とうそつ》し、準備から完成までのすべての指揮をとる人です。そしてできあがった建物を修理しながら守る責任も負っています。

法隆寺の宮大工の棟梁には寺をつくり、守るための口伝《くでん》が残されています。口伝とは文字にあらわさず、棟梁からつぎの棟梁になるべき人に口移しで伝えられる秘伝《ひでん》のことです。

現在は法隆寺つきの宮大工というのはなくなりましたが、最後の法隆寺の棟梁は西岡常一《にしおかつねかず》（一九〇八年生まれ、一九九五年没《ぼつ》）という方でした。西岡棟梁は寺つきの宮大工は自分が最後であることを知っていましたので、口伝を公開しました。私もその話を聞きにまいりました。たくさんの口伝がありましたが、多くは棟梁としての心構えや寺社をつくるためのものでした。そうしたもののなかから、木の利用法に関する口伝をいくつか紹介します。その多くは木のいのち、木材のいのちをいかに生かすかを伝えたものです。

## 木を買わず山を買え

口伝《くでん》の一つに「堂塔《どうとう》の建立《こんりゅう》には木を買わず山を買え」というものがあります。堂塔の堂とは、法隆寺《ほうりゅうじ》などの伽藍《がらん》のなかにある金堂《こんどう》や講堂《こうどう》などのお堂のことです。塔は五重塔《ごじゅうのとう》や三重塔《さんじゅうのとう》のことです。

「伽藍」は聞き慣れない言葉でしょうが、昔の寺社建築《じしゃけんちく》の門や塔、堂の廻廊《かいろう》などを含むすべてをいいます。伽藍の配置は仏教の解釈《かいしゃく》により、時代や寺ごとに異なっていました。

法隆寺でもそうですが、昔の寺は学校の役目を果たしていましたから、釈迦《しゃか》を祀《まつ》る堂やお骨《こつ》を安置した塔、授業を受ける講堂が伽藍の中心を占めます。このほかにも敷地内には修行僧たちが生活するたくさんの建物がありました。

「堂塔の建立には木を買わず山を買え」という口伝は、大きな建物をつくるときには、木を一本一本バラバラに買わずに山を丸ごと買いなさいという意味です。便利だから、安いからといってあちこちの山や林から買い集めてはいけませんという忠告です。

今、ふつうの民家《みんか》を建てるとき、大工さんは製材された木を材木屋さんや製材所に注文して、柱や梁《はり》や天井用にと目的に合わせて買ってきます。製材所では運び込まれた木を、柱用や梁用に寸法を決めて用意します。

しかし昔は棟梁《とうりよう》が自ら山に行って「この木は柱に」「この木は梁に」と使い道を決めて山で大雑把に製材して運んできていました。大きな建物をつくるには大変な量の木材がいりますが、そうした材料を買うときには山の木を丸ごと買うことを勧《すす》めているのです。

なぜ山ごと買うのがいいのか、その訳はつぎの口伝「木は生育《せいいく》のままに使え」に関係があります。

## 木は生育のままに使え

木は自然のなかで育ちます。植物は自分の意思で動くことはできません。世代を替えて、種を遠くに飛ばしたり、鳥に運んでもらって子供たちが別の場所に移ることはできますが、芽生《めば》え、根を張った木は自分の意思で場所を選ぶことはできません。ですから、木や草はあたえられた環境に適した生き方を選びます。適応できないものは死んでいくしかありません。

木の生《は》えている山は南の日当たりのいい斜面もあれば、北の日当たりの悪い、寒い場所もあります。尾根筋《おねすじ》の風の当たる場所もあれば、谷沿いの比較的風当たりの少ない場所もあります。尾根は山の高くなったところ、谷は凹《へこ》んだ部分です。山はこの繰り返しでできています。環境が変われば土壌も変わります。土は岩が崩れてできたものです。そこに育った植物や昆虫などの遺骸《いがい》も、バクテリアなどによって土にかえります。ですから土はその場所ごとに異なり、そこで育つ木々も少しずつ性質に違いが出ます。また、同じ山でも尾根筋は、風が当たり、雨が降れば腐葉土《ふようど》（落ち葉が積もって土にかえったもの）や土と一緒に栄養分が下に流れ出します。ですから、尾根筋よりも谷のほうが土壌は肥えています。尾根は乾いていますが、谷には沢が流れていたりするので湿気があります。林のなかでも、林の縁《ふち》と、林のなかで木々に囲まれて生きているのとではずいぶん違います。縁では外側が日や風に当たります。なかは風に影響を受けにくいかわりに日当たりもよくありません。

木はこうしたあたえられた環境のなかで長い時間をかけて大きくなります。

木が生きていくうえで必要なのは地中から吸い上げる栄養分と水、それと太陽からの光です。同じ場所に育つ木でも、光を十分に受けられない木はやせ細り死んでいきます。ですから密林《みつりん》のようなところでは、木同士が必死で背を伸ばそうと競争しています。

太く大きな木は寿命の長い木です。大きな木はその時間の分だけ、自分の育った環境の影響を大きく受けていることになります。それがその木の癖《くせ》となって、材木になった後でも出てくるのです。

一方、厳しい環境で育った木は、それに耐え続けてきたという癖を持っています。見た目には何でもない、枝を張り、葉を茂らせた一本の木でも、たとえばずっと西風に吹かれて育ってきた木は風に立ち向かっていくために枝をしっかり張り、根元も風に負けないようにがっしりと張っています。そして風に押されたら押し返す力が蓄えられています。こういう木を伐《き》り、材にしますと、木に備わった風に対抗する力がねじれとなって出てくるのです。

また木はたくさんの日の光を受けるほうが栄養分を蓄積できて大きくなります。

ですから、日当たりのいい南側には枝がたくさん出て葉を茂らせます。北側の枝には日が当たりませんので、枝の数も少ないのです。木の枝のあったところは柱や板にすると節《ふし》となって残ります。ですから一本の木から柱をつくっても日当たりのいい南側には節が多く、北側には節が少なくなります。材木を扱う大工さんたちは、日を受けて育ったほうを「日表《ひおもて》」、日の当たらないほうを「日裏《ひうら》」と呼んで区別し、使い方に工夫を凝らします。木には育ったところによってそれぞれこうした癖があるので「木は生育《せいいく》のままに使え」という口伝《くでん》が残されているのです。

## 日表・日裏

大工さんは柱を見れば、「日表《ひおもて》」と「日裏《ひうら》」をすぐに見わけます。こういう言葉が生まれ、使いわけられるほどに、同じ一本の木でも、日の当たる側と日の当たらない部分では性質が異なるのです。

昔、小さな舟は櫓《ろ》という道具でこぎました。櫓は舟を推進させる道具ですから丈夫でなければなりません。多くはカシの木を使いました。櫓をつくる職人さんは一本の丸太を買うのですが、使うのは日表だけでした。その部分が丈夫で粘《ねば》りがあったからです。

日が当たるところと当たらないところができるのは、家や寺などの建物についてもいえます。家も木と同じように一度建ったら動かすことはできません。

一軒の家がぽつんと建っていると想定しますと、東側には朝日が当たります。南側は日中に日が当たりますし、西側には夕方日が当たり、そして北側は日が当たることはありません。法隆寺《ほうりゅうじ》の宮大工《みやだいく》たちはこのことをよく知っていて、「木を生育《せいいく》のまま」に使ってきました。山の南斜面にある木は建物の南側に、北のものは北に。それも生《は》えていたときと同じ方向に使ったのです。この口伝《くでん》は「木は育ったままの方向で建物にすれば、建物は長くもちますよ」と教えているのです。

木は山に生えていたときの生育のままに使う。
南向きの木は南向きにそのままの方向で

古い創建《そうけん》当時の法隆寺の柱を見ると、南側の柱には節《ふし》が多くあります。南側の木はさきに話しましたように、枝がたくさん出てきますので節も多いのです。

山の南側の木は建物になっても南へ使えといいましたが、一本の大きな木の場合、二つや四つに割って柱にすることもあります。一本の木でも中心の部分と樹《じゅ》皮《ひ》に近いところでは、含まれる水分の量などが違うために、そのまま乾燥させるとひび割れが生じます。そのため、大きな木が手に入るなら二つや四つに割って柱をつくります。

もし二つに割ったのであれば、日表と、日裏に割り、それぞれを南と北の柱に使います。四つに割れば、南は南、北は北、東は東、西は西にと、生育のままに使うのです。

木を生育のままに使うためには木を一本ずつ買うのではなく、最初に紹介した口伝の「木を買わず山を買え」を守らなければなりません。

# 木を組むには癖で組め

「生育《せいいく》のままに使う」木のさらなる使い方を指示した口伝《くでん》に「堂塔《どうとう》の木組みは木の癖組《くせぐ》み」というものがあります。

木は工場から出てくる鉄骨やブロックのように均一のものではありません。南に面した木と北に面した木では性質が違いますし、風のあるところで育った木と林の真ん中で育った木でも性質は違います。木は一本一本が育った環境も経歴も違います。人間が何人いても、まったく同じ人がいないように、木も一本一本性質が異なるのです。

その一本一本の木の性質を見ぬいて使えば、建物は丈夫で長持ちし、材となった木の寿命を使いきることができるというのです。

しかし、現代の物づくりでは効率が優先されます。こうした一本一本の性質の違いを区分けしていたのでは速くつくることができません。ですから、工場や製材所から出てくる寸法に仕立てられた木を「均一」な性質のものとして扱っているのが現状です。

しかし、実際には木は一本一本育った環境や受け継いだ遺伝子が違うのですから、異なった性質を持っています。

木のこの一本一本の異なる性質を大工たちは「癖」と呼んでいます。檜《ひのき》、杉、ケヤキ、栗、松などのように樹種ごとに木の癖は違いますが、同じ檜や同じ杉でも、生《は》えている場所やそれらの種をつくった親木《おやぎ》の違いで癖が違うのです。

人間でいうと、みんなが同じように生きていく会社や学校、社会では、「癖」は悪いもののように考えられがちです。団体で生活していくためには、そのほうが便利で統制がとりやすいからです。たとえば戦争をするときに軍隊は同じ命令にいっせいに従わなくては、攻撃や守備に欠陥《けっかん》が出てしまいます。学校でも運動会のマスゲームを思い出してください。みんなが揃わなくては困ります。ですが、人間は工場から出てきた製品のように、みんな同じではありません。みんなが違う個性を持っています。社会生活を営むうえでは、まったく違う個性がそれぞれを主張して生きていくのはなかなか大変なことです。この癖ばかりを尊重していては効率が悪くなります。そういう考えがあるから「癖」を悪いものと考えるようになったのです。

実際、現代の大工さんの多くは製材所に注文するときに、木の癖や生育を気にせずに「何センチ角《かく》の柱」というふうに頼み、それを使います。こうした使い方では、「木は癖で組め」という口伝を生かしようがありません。

木を癖で組むとはどういうことか例を一つあげましょう。

四本の柱で建つ建物を想像してください。

この柱に四本とも左ねじれの癖のある木を使ったら、建物は時間がたつにつれて木の癖が出て、たがいの力が同じ方向にはたらいて、建物そのものが左にねじれてしまうでしょう。屋根や壁はねじれを計算していませんから、ひび、が入ったり隙間《すきま》ができたりして建物の寿命を短くしてしまうでしょう。ところが、右ねじ

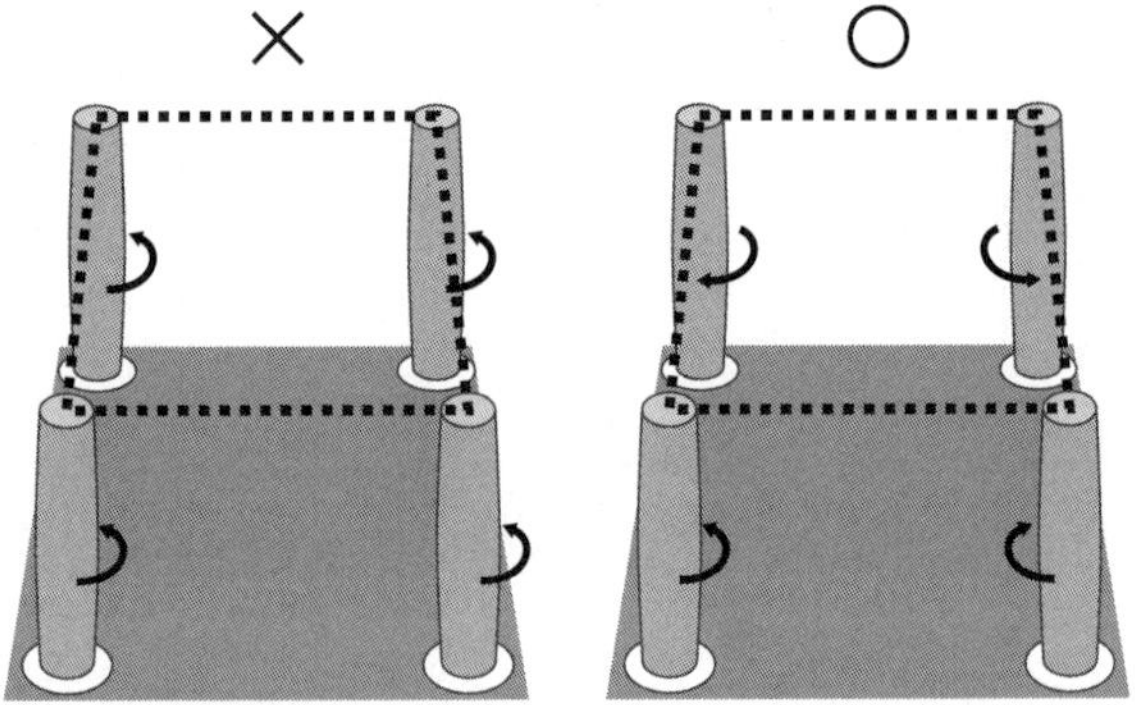


木にはみんな癖がある。その癖をうまく生かして組み合わせれば丈夫な建物ができるし、下手に組み合わせれば、歪みやひずみの元になる

れと左ねじれをじょうずに組み合わせれば、木はたがいの癖を補い合いながら、なおしっかりと建物を維持していくでしょう。法隆寺《ほうりゅうじ》はこうした癖を生かして、千三百年ももってきたのです。

こうした癖をじょうずに組み合わせることで、より丈夫な建物をつくりあげる。それがこの口伝「木を組むには癖で組め」の教えるところです。癖を悪いものとして排除《はいじょ》するのではなく、長所と見てじょうずに生かして使えるようになることが必要だといっているのです。

## 寸法で組まずに癖で組め

木は伐《き》り出してから寝かせておけば、癖《くせ》が出てきます。癖を出させてから使えば、大工さんは難なくその木の癖を見取ることができますから、使いやすくなります。ところが、技術の進歩はこうした寝かせる時間というものを許さなくなりました。山の木は昔は伐ってから筏《いかだ》に組んだり、牛に運ばせたり、人間が引きずり出すなどして建築現場に届けられました。伐ってから現場に届くまで、ずいぶん時間のかかるものでした。

今は山の奥深くまで道を切り開き、大型車が入っていきます。ときには鉄線を張って吊《つる》して運んだり、ヘリコプターを使うこともあります。

山で伐って数日のうちに製材所に運び、寸法通りに加工して柱や板にすることも難しいことではありません。寝かす時間がとても少なくなっているのです。

今では、どんな木であれ、コンピュータを組み込んだ機械で一ミリの数十分の一もの正確さで加工できます。製材所も大工さんもそうした機械を便利なものとして使っています。こうした機械を使えば、長い修業をしなくても正確に木を刻むことができるからです。しかし、それは木がまったく癖がないものとして考えられているから使われている方法です。

でも木には必ず癖があります。癖がないものとして製材し、建物をつくってしまうと、木は建物になってから癖を出しはじめます。

　ケヤキという木は「暴れる」木です。癖を出させるために寝かせてから使っても、ねじれたり曲がったりすることがあります。ですから製材所でも注文通りの寸法の木を出すためには、それよりずっと大きく製材し、寝かせておきながら、暴れ具合を見て、出荷まで少しずつ補正しながら製材していかなければならないのだそうです。木にも素直な性格のもの、ちょっと暴れん坊なものがあるのです。使う側はその木の性格を見ぬいて、少しの時間で使えるもの、長い時間待たなければならないものと決めていくのです。

　ふいごという鍛冶屋《かじや》さんが空気を送り込む道具があります。杉の板でつくられた箱で、中に細工された板を前後に動かすと風が吹き出されます。このふいごをつくる杉は狂いが出ないように泥水のなかに長いこと漬《つ》けておくのだという話を聞きました。癖を出させるためには外に積んでおいたり水に漬けておいたり、ときには泥に漬けるということまで考えられていたのです。

　宮大工《みやだいく》の口伝《くでん》に「木は寸法で組まずに癖で組め」というものもあります。

建物を組み上げるときはたくさんの部材を準備しますが、設計図通りの寸法だけで部品をつくって組み合わせたのでは、後で建物になってから悪い癖同士が重なってゆがみとなって出てしまうぞという警告です。

図を見てください。これはお寺などの伝統建築をつくるときに柱の上、壁のなかに通す「通り肘木《ひじき》」という材料です。建物が横にぶれたり歪《ひず》んだりしないように「井《い》」の形に組み合わされます。

組み合わせるのに使うのは、一本の大きな檜《ひのき》を二つに割って、そのそれぞれからつくった角材で、年輪の中心のないものです。心《しん》があると曲がったり癖は出にくいのですが、割れやすいので、こうした心のない材を使いました。

後ほど話をしますが、こういう木の取り方をしますと、板や角材にも裏と表ができます。心に近い側が裏です。木は表に反《そ》る性質がありますので、板などでは顕著ですが、角材でも「U字形《ユージ》」に反ることがあります。この反りを考えずに、左の図のように組めば、建物は長い間に狂いを生じて曲がってしまいます。右の図のように反りをうまく使えば、建物はがっちりと組み合わされ、丈夫になりま

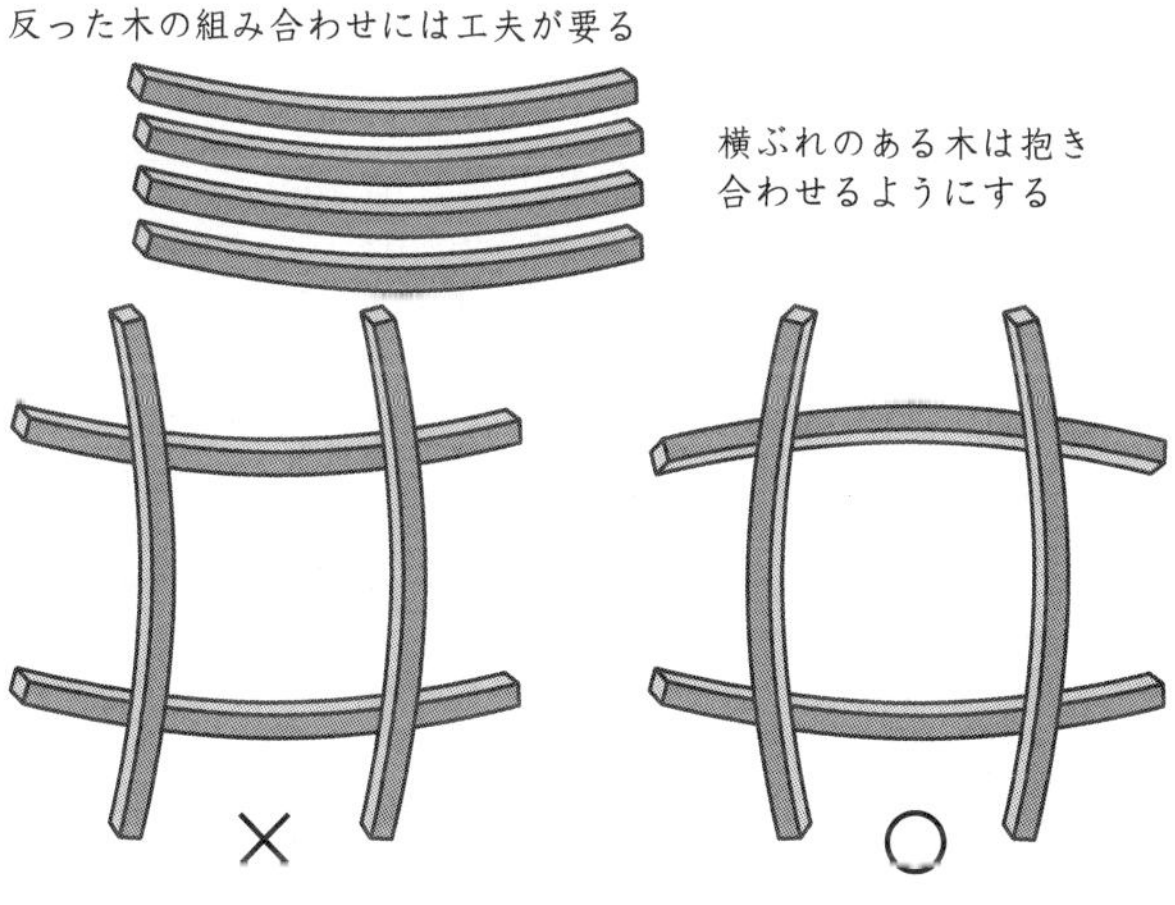
反った木の組み合わせには工夫が要る
横ぶれのある木は抱き
合わせるようにする
×
○

す。

この一本一本の癖を見ながら、建物にはこういう工夫がなされていました。「癖で組め」というのはこういうことなのです。

それなのに、現在は効率を求めるあまり、自然の素材である木を工場生産の品物と同じように扱っています。これは木に対する考えばかりではないかもしれません。人間に対しても効率や利益を求めるあまり、癖や個性を無視してしまっているのではないでしょうか。

技術が発達することは、それによって得られるものも多いのですが、失われるものもまた多いのです。

木の癖の話をもう少ししましょう。

山から伐り出してきた木を柱や板にするためには、鋸《のこぎり》で「挽《ひ》く」という作業が必要です。今は製材所の機械でモーターをまわすと大きな鋸がまわって柱や板ができますが、そうなる前は人間が鋸で板や柱をつくっていました。この鋸ですが、ずいぶん昔からあったと思われるかもしれませんが、意外に新しい道具なのです。

鋸をつくるには、薄く、硬く、粘《ねば》りのある鉄の板が必要です。そうした鉄板をつくる技術とその鉄の板にギリギザの歯をつけるヤスリがなければ鋸をつくることはできません。

鋸と簡単にいいましたが、木を切る鋸には二つの種類があります。

四一ページの図のように一本の長い木を短くするのが「横挽《よこび》き」という鋸です。もう一つは長い木を縦に切る「縦挽《たてび》き」と呼ばれる鋸です。繊維《せんい》を断ち切る方向に挽く鋸はずいぶん古くからありましたが、繊維に沿って縦に挽く縦挽きの鋸はありませんでした。横挽きの鋸は繊維を断ち切るのですから小さくてすみますが、縦挽きは大きな木を縦に切るのですから大きなものが必要でした。そして複雑に絡《から》んだ繊維を切っていかなければなりません。鋸の目に詰まった鋸屑《のこぎりくず》が挽くたびに外へ出てこなくてはすぐに鋸が動かなくなってしまいます。

資料館や博物館に行くと展示してありますが、大きな縦挽きの鋸には二メートルもの大きさのものや、両側に柄《え》がついていて二人で挽くような巨大なものもありました。

今でこそ溶鉱炉《ようこうろ》から出てきた鉄を工場で自在の大きさの板にすることができますが、かつて鋸は砂鉄を集めて、土でつくった窯《かま》で木炭と一緒に焼き、鉄の塊をつくり、それを集めて炉で焼き、槌《つち》で打ってつくっていました。縦挽きの鋸が普及したのは鎌倉時代末期から室町時代ごろといわれています。

しかし、縦挽きの鋸がなくても建物を建てるために板は必要でした。床にしろ、壁にしろ、屋根をつくるにしろ、間仕切《まじき》りをつくるにしろ、建物は板がなくてはできません。縦挽きの鋸がない時代も板をつくって使っていたのです。

縦挽き鋸が出現するまで大工たちはどのようにして板や柱をつくっていたかというと、木にくさびを打ち込んで割っていました。

山の木を伐り倒し、枝や不要な部分を取り払った長い丸太に、斧《おの》で割れ目を入れ、そこにくさびを入れて割ったのです。くさびで割るのですから、人間の思うようには割れません。木の繊維の方向に従って割れます。木のなかに埋まっていた節《ふし》にあえば、そこをぐるっとまわって割れました。

つまり、木は本来持っている性質に従って割れたのです。ねじれて育った木の

鋸には縦挽きと横挽きがある

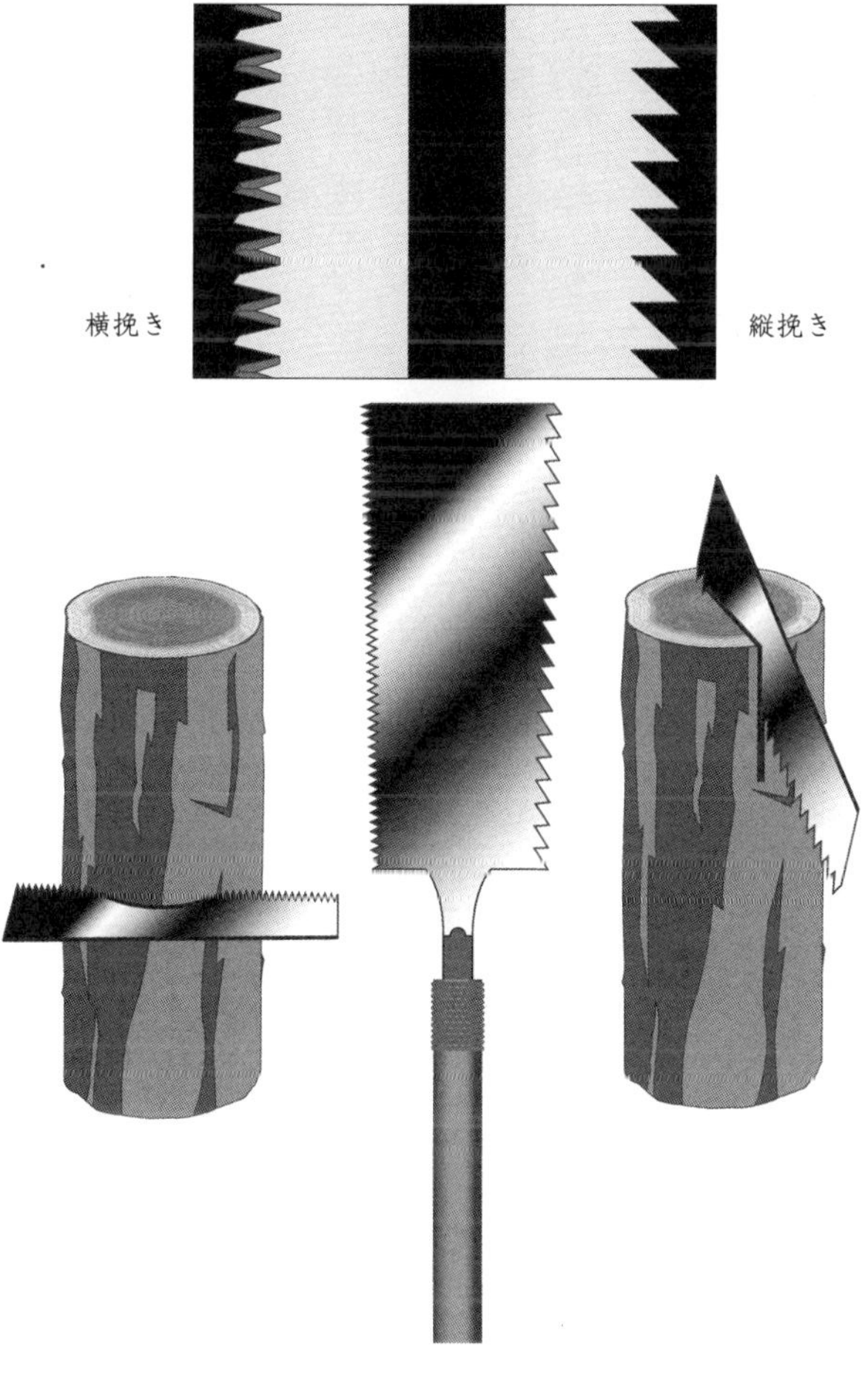

繊維はねじれていますから、くさびを打ち込んでいきますと、その繊維の方向にねじれて割れます。木の癖のままに割れました。

どんな木でも素直に割れるわけではありません。くさびを打ち込んでもなかなか割れない木もあります。たまたま日本には杉や檜やサワラという針葉樹の割りやすい木がたくさんありました。栗の木もよく割れます。昔の人はそうした木の性質を、使っているうちに知り、その技術を蓄積し、早くから板をつくっていました。

弥生時代の登呂《とろ》の遺跡付近からも板が発見されています。石の斧で割れ目をつくってそこにくさびを打ち込んで割ったのでしょう。法隆寺《ほうりゅうじ》の創建《そうけん》当時には、すでに鉄器がありましたから、やはり木を割って板や柱をつくったのですが、ずっと効率よく仕事が進んだと思われます。

木を割ってつくった板や柱は鋸で切ったのとは違って凸凹《でこぼこ》だったり曲がったりしていました。表面の平らな柱や板にしたいときは、チョウナや斧ではつっていました。チョウナは畑を耕す鍬《くわ》を小さくして刃先を鋭くしたもので、それをふり

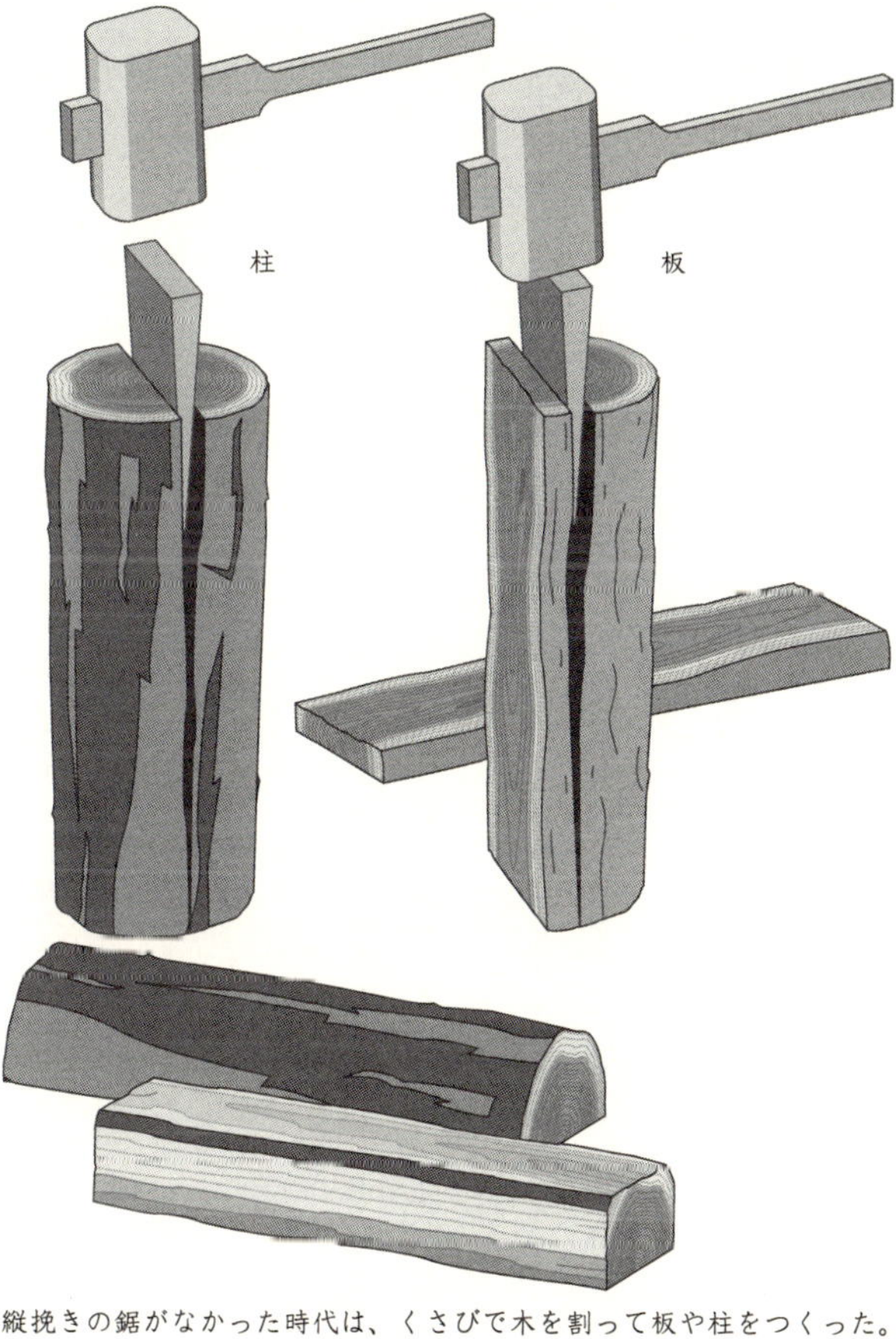


縦挽きの鋸がなかった時代は、くさびで木を割って板や柱をつくった。
木は癖のままに割れるから無理がなかった

おろすことで木を平《たい》らにしたのです。小さな刃でしたから、削った跡は小さな鱗《うろこ》が連なったように見えました。今でも古寺《こじ》や民家の古い梁《はり》などに見られます。みなさんがよく見かける鉋《かんな》は「台鉋《だいがんな》」といいますが、あれも縦挽きの鋸と同じくらい後になってできたものです。台鉋がなかった時代は、チョウナやはつり斧で下削りをし、ヤリガンナというもので仕上げをしたのです。ヤリガンナは棒の先に平らな槍《やり》のような刃物がついた道具です。法隆寺の柱や新しく再建された薬師寺《やくしじ》の建物の柱を見ますと、さざなみのような削り跡がついていますが、これがヤリガンナ仕上げの跡です。

　こうした方法で法隆寺の各部材はつくられ、組み立てられたのです。話がちょっとそれましたが、法隆寺の創建当時、板や柱はこうやって木の性質に合わせてつくられていました。

　このことが法隆寺が千三百年もの長い間建ち続け、今にしてまだすばらしい姿を見せてくれている理由の一つです。

　現在は機械が発達し、木の性質を無視して人間の好きな形や寸法に材を仕上げ

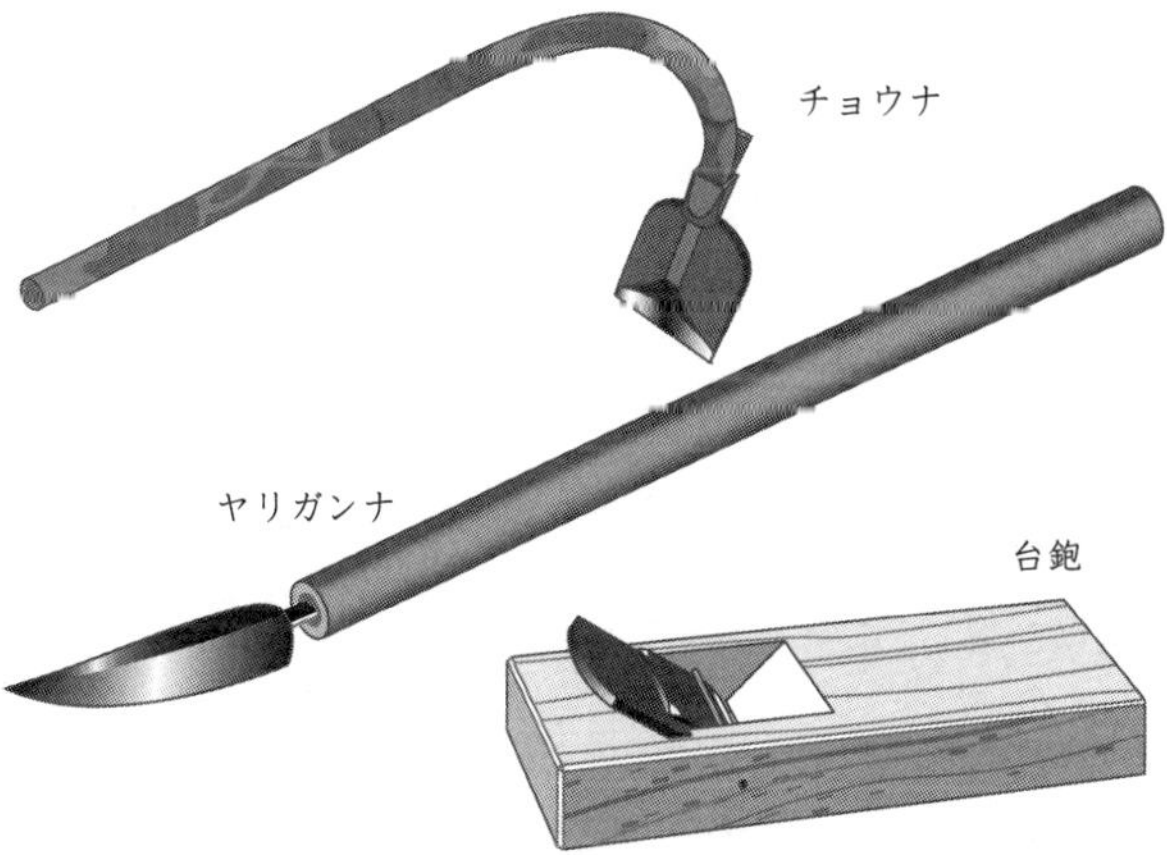
チョウナ
ヤリガンナ
台鉋

ることができます。

このために、木の癖を生かすということは少なくなりました。自由に、ミリ以下の寸法で材をつくることができるからです。ただ、これで長い時間がたった場合、狂いが生じないでしょうか。あらためて口伝の「木は寸法で組まずに癖で組め」という言葉の大切さが思い出されます。

## 木は生きもの

山に生《は》えている木は植物という生きものです。これを伐採《ばっさい》すると、木材になります。木はコンクリートや鉄などと違って、材になっても生きています。

西岡棟梁《にしおかとうりょう》がよく話していました。修理のときに法隆寺《ほうりゅうじ》の古材《こざい》を削っていると、すばらしい檜《ひのき》の香りがするんだと。それは木を伐《き》り倒《たお》したときの強い香りとは違って、時代を経《へ》たやわらかな香りです。実際に私も目の前で古材を削ってもらったことがありますが、削り肌はつやを持ち、すばらしい香りを放ちました。

五重塔《ごじゆうのとう》を解体修理するときでも、屋根の瓦《かわら》をはずし、その下の葺《ふ》き土を取り除いていくと軒《のき》が少しずつですが、持ち上がってくるのだそうです。昔の瓦は野地《のじ》板《いた》という板の上に土を載せ、その上に瓦を並べてありました。野地板の下には屋根を支えるために垂木《たるき》や梁《はり》があります。それまで土や瓦の重さに耐えていた木が、それらが取り除かれることで、ふたたび立ちあがってくるのです。押し返す力がはたらいていればこその作用です。この押し返す力があってこそ建物は長くもち続けるのです。もしこの力がなくなれば、木は重さに耐えられず、折れてしまうでしょう。

昭和の解体修理の話でしたから、木は千数百年前に伐り倒されたのに、まだ生きものとしての力を発揮していたのです。西岡棟梁は自分を戒《いまし》めるようにいいました。

「千年のいのちを長らえてきた檜は材にしても千年はもたせなければならない。

木にはそういう力があり、それを生かすのが自分たち大工の使命である。千年の木を千年使えば、その間にふたたび木を植え、育てていくことができるのだから、資源としての木を失うことはないのです」

## いのちを使いきる

木のいのちを十分に使うために、工人《こうじん》たちは木の寿命をより長く生かす工夫も怠りませんでした。

日本の伝統的木造建築の特徴の一つは、解体して修理することができるということです。木には建物になってから出てくる癖《くせ》もありますから、時間がたつと建物はひずみが出たり歪《ゆが》んだりしてきます。また日本は雨が多く、風雨にさらされていれば、木の建物は傷《いた》んできます。傷んだままにしておけば、壊れる速さが増します。

そのためにある程度時間がたち、傷みが出てくると、いったん建物を丸ごと解体してしまって悪い部分を取り替え、補修して改めて建て直します。もし解体のさいに柱の下の部分が腐っていたとすれば、そこを切り取って継ぎ足します。柱としてそのまま使うことができなくても、捨ててしまうのではなくほかの部署に再利用します。

一枚の板、一本の柱でも、寿命のある限り何度でも使います。そのために伝統的木造建築は、はじめから解体できるようにつくってあります。やたらに釘《くぎ》や金具を使わず、木と木を組み、時間がたてば、だんだん締まっていくように考えてつくられています。柱と梁《はり》などの組み合わせにしても五〇ページの図のように木のくさびを打ち込むことでゆるみを収めていくやり方です。木が乾燥して縮んできたら、くさびを打ち込んでやれば締まります。そうすることで解体が簡単になりますし、解体した木も十分、再利用することができるのです。釘や金具でがっちり動かないように固めてしまった家では解体そのものが無理になります。

くさび

時間がたって乾燥が進んだら隙間ができるので、くさびを打ち込んでゆるみを除く。解体のときにはくさびを抜けば簡単にほどくことができる

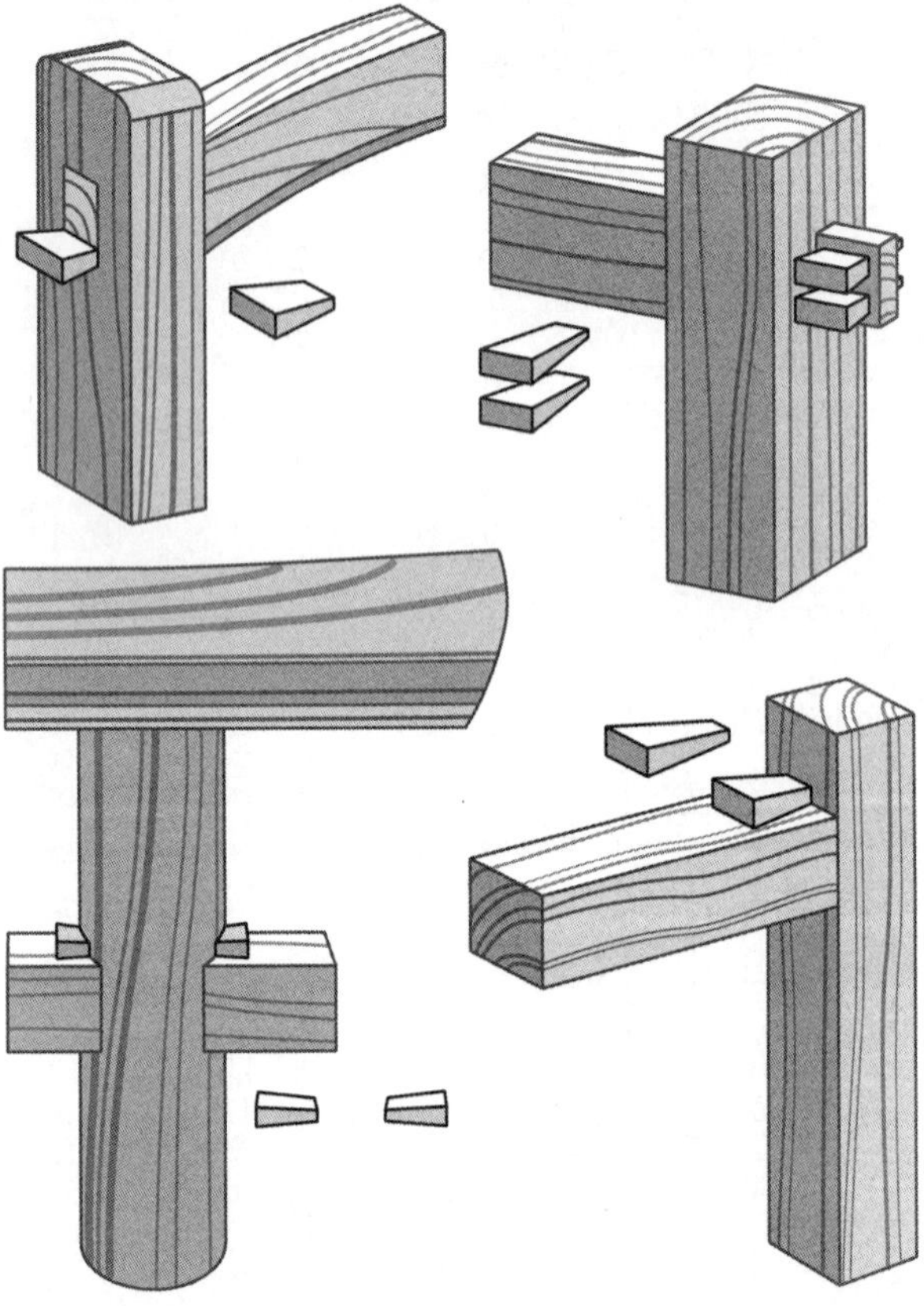

法隆寺《ほうりゅうじ》は千三百年前に建てられたものですが、およそ二百年ごとに解体修理がおこなわれて引き継がれてきています。各時代ごとに寺を守る大工たちが、雨漏《あまも》りがすれば直し、傷《いた》みがあれば補修しながら保《たも》ってきました。ほかの寺社《じしゃ》でも復元や再建の問題が出てくると、残された部材を調べ直して、それぞれがどんな場所にどういうふうに使われていたかを調べます。

しかし、修理は大層手間もお金もかかる仕事です。ですからある部署が傷んだからといって簡単に部材を取り替えていてはもったいない話です。そのために、細かなところや傷みやすい部署などは補修がきくように工夫を凝らしてあります。

建物で一番傷みやすいところは屋根の軒先《のきさき》です。軒を支えるのは垂木《たるき》という部材です。垂木の先端は、つねに日に当たり、風に吹かれ、雨にさらされています。そのため先端から腐ってきます。垂木の寸法を最低必要限でつくっていると、先端が腐れば寸法が足りなくなるので、新しいものと取り替えなければなりません。しかし大きな建物には、気の遠くなるほどたくさんの垂木が使われています。それゆえ宮大工《みやだいく》は垂木の寸法をお尻を長くしておいて、腐ったら前に押し出せばい

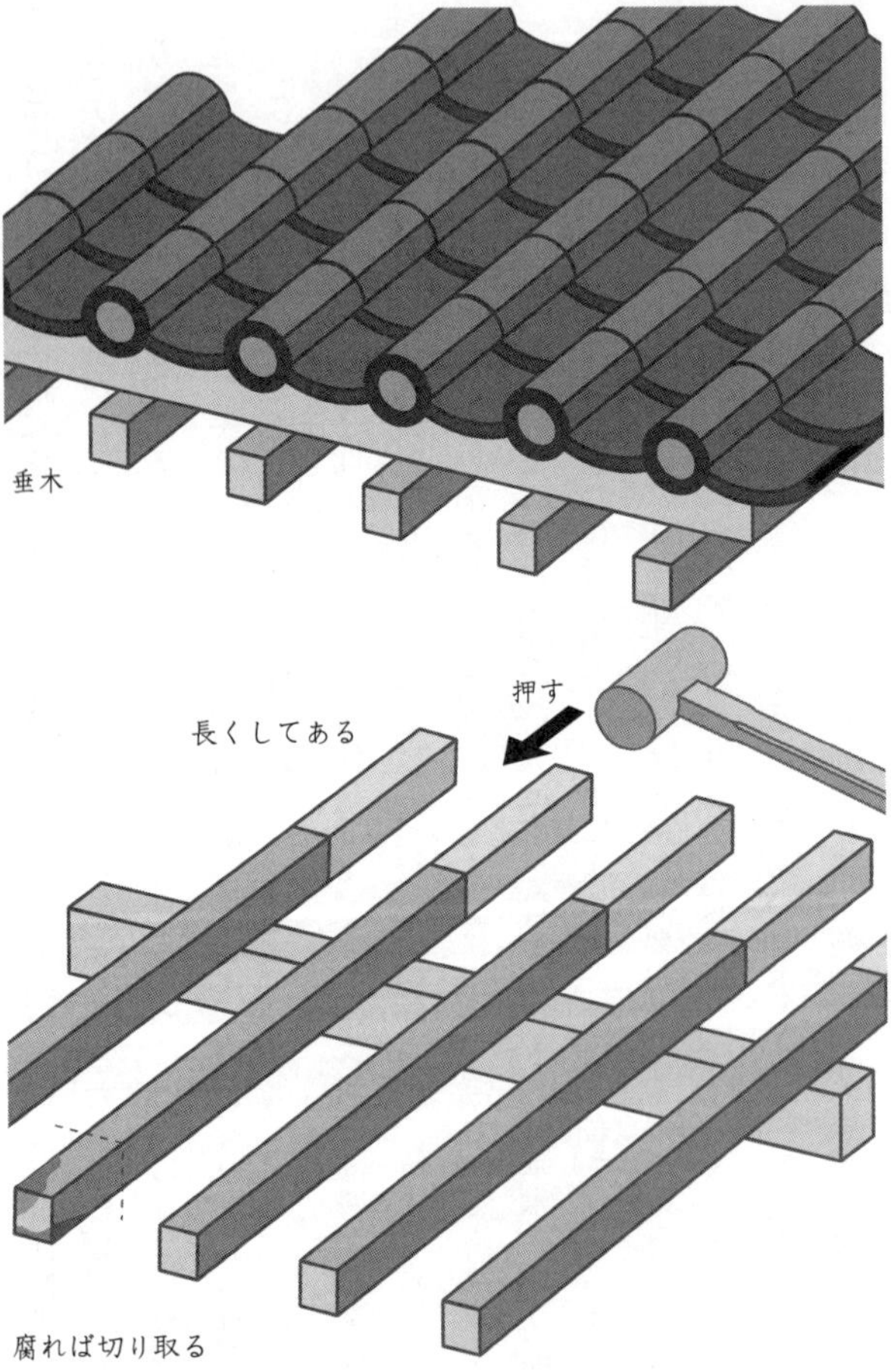
垂木
押す
長くしてある
腐れば切り取る

いようにしておきます。五重塔《ごじゅうのとう》や金堂《こんどう》の裏側では太い木がいくえにも折り重なっていますが、表に見える部分はきちんと化粧を施して、後ろの予備の部分は荒削りのまま、長さもまちまちに残してあるそうです。

垂木を長くつくっておいて、傷んできたら押し出すという発想のなかには、木は雨《あま》ざらしにすれば傷むものだという観察があり、それならどうするかという工夫があるのです。今さえよければいいという考えからはこうした知恵は生まれてきません。

木材の再使用は寺社だけではなく、民家でもふつうにおこなわれていました。古くなった家を解体する場合、再利用できるものは新しくつくる家の部材として使ったのです。

これは家に限らず舟でも同じです。使わなくなった舟は解体し、板に戻して使える部分は大切に保存しておきました。

現在は人間の手間賃が一番高くなっています。そのため解体し、使える部材を残すよりは一気に壊してしまって、工場から送られてくる規格品の新しい材料を使うほうが、結果的には安くすみます。不思議なことですが、持っている材料を使うよりも新しく材料を買ったほうが安いのです。流通や経済、効率というものが原価に影響しているからです。

こういう背景もあって、現代の技術と古代の日本人の技術者たちの間には、考え方に大きな違いがあります。最後まで使おうという知恵は、建物や舟をつくるときにはもちろん、木を伐り出すときから運ぶときにまではたらきます。効率優先の考えでは、どの方法が速いか、どっちのほうが安いかが基準になります。大事に使いきることを優先して訓練・修業してきた人たちは、ちょっと時間や手間がかかっても、これだけのことはしておこうということになりますから、やることも、手順も、心構えも違ってくるのです。

現代の技術の根本にはまず「効率」という考えがあります。同じものをつくるなら、できるだけ手間のかからない方法を工夫します。それはそのまま利益につながるからです。古代にも効率という考え方はありましたが、それは目的ではありませんでした。木の建物でいえば、目的は木をいかに生かし、いかにして丈夫な建物をつくるかにありました。効率のことばかり考えていると、「最低ここまではしなくてはならない」という基準が設定され、それがいつのまにか目標に変わってしまいがちです。ややもすると、「最低の基準を満たしさえすればいい」「規則を守りさえすればいい」「いわれたことをやりさえすればいい」という貧しい考えになってしまいます。

もし法隆寺がそうした効率優先の考えを基に建てられていたなら、千三百年もの間建ち続けていたかどうかは疑問です。木をいかに生かすか、そのことに心血を注いだ結果が千三百年たってなお健在ということに表れているのです。

そういうふうに考えると、じつは木の生かし方、木の使い方に関しては、現代人より飛鳥時代の大工のほうがすぐれていたといえるでしょう。これは木に関することだけではありません。鉄でもいえます。日本刀をつくる鉄、鉋《かんな》や鋸《のこぎり》などの材料の鉄をつくる技術が一番すぐれていたのは鎌倉時代のころでした。現在の最先端の科学をもってしてもあのころの鉄を再現することはできません。溶鉱炉《ようこうろ》を使い、大量に鉄をつくりだす「効率優先」の現代技術には、置き忘れてきたものがあるのです。

## 木を生かす

石屋さんが石を割るのに振るげんのうの柄《え》にはカマツカという木を使います。地方によっては柊《ひいらぎ》や花ももなどを使いました。それは石を割ったときにしない、手に直接衝撃がこないようにクッションがあり、かつ折れることのない丈夫な木だったからです。長い経験のすえにそうした木を見つけて使ってきたのです。

こけら割りの職人さんが使う槌《つち》はイタヤカエデ、大工さんの使う鉋《かんな》の台はカシ、舟をこぐ櫓《ろ》もカシ、鍬《くわ》などの農具の柄もカシです。これは硬くて丈夫だったからです。鋸《のこぎり》の柄には桐《きり》を使いますが、これは長い間使っても熱を持たないから。柄に籐《とう》が少しだけ巻いてあるのはすべり止め。風《ふ》呂《ろ》桶《おけ》は水に強い木としてカヤ、コウヤマキ、檜《ひのき》、ヒバ、杉。川舟をつくるには杉。寺の塔や堂をつくるには檜。爪《つま》楊枝《ようじ》はクロモジ。工事現場に使う杭《くい》や土台は松。この後も職人さんたちに聞いたさまざまな木の使い方を話していきますが、それぞれ木の性質を考え、生かして使ってきたのです。

こうした知恵は木を使いこなしてきた大昔の人たちにすでに知られていました。奈良時代につくられた『日本書紀』（七二〇年成立）に、木の使い方を指示した記述があります。

第一巻の素戔嗚尊《すさのおのみこと》がヤマタノオロチを退治した後の部分です。素戔嗚尊はこの国には船がないからそれをつくるためにといって体の毛を抜いてまいたのです。その部分を紹介します。

顔のひげをまくと杉。
胸毛《むなげ》をまくと檜。
尻の毛は槙《まき》。

眉毛《まゆげ》は樟《くすのき》になりました。

そして、「杉と樟は、この二つの木は浮宝《うきたから》とせよ。檜は瑞宮《みずのみや》をつくる材料とせよ。槙は青人草《あおひとくさ》の奥津《おきつ》棄戸《すたえ》の棺《ひつぎ》をつくる材料にせよ。また食料としての木の実をたくさんまき、植えよ、とおっしゃった」のです。

浮宝とは船のこと。瑞宮は立派な建物。青人草の奥津棄戸は墓所のことです。ですからこの文章は「杉と樟では船をつくりなさい。立派な建物は檜を使いなさい。棺は槙にしなさい」と木の使い方を教えているのです。『日本書紀』ができたこのころには、すでにこうした木の使い方が知られていたということがわかりますね。

また、続いて「その言葉を守って、素戔嗚尊の子供である五十猛命《いたけるのみこと》、大屋《おおや》津姫《つひめの》命《みこと》、枛津姫命《つまつひめのみこと》らは木の種をたくさんまきました」という文があり、この一段前のところにも「たくさんの樹種を持って天から降りた五十猛命が、筑紫《ちくし》からはじめて、すべて大八洲国《おおやしまのくに》にまき増やしていって、とうとう国全体を青山《せいざん》にされた」とあります。

大八洲国とは日本のことですから、素戔嗚尊とその子供の神々が日本中にさまざまな木の種をまき、木の生いしげった国をつくったとあるのです。山はさまざまな木からなり、それぞれが異なるものだとすでにみんなが知っていて、それを利用していたのです。木やその使い方に関しては、こんなに古くから豊かで深い知識に裏づけられた文化があったのです。

この木の使い方は今でも守られています。大事な建物は檜で建てますし、川舟の多くは杉でつくります。

また鳥取県の弥生時代の遺跡・青谷《あおや》上寺地《かみじ》遺跡《ちいせき》から発見された木製品に関するレポートには、

「木製品はその用途によって木の種類が違っているのがわかります。船や建築材には杉、農具にはアカガシなどのカシ類、横槌《よこづち》はヤブツバキ、斧《おの》の柄はサカキ、容器類にはヤマグワ、ケヤキなどと、ほぼ現在の使用方法と変わりありません。また、斧の柄などには枝分かれの部分や根元の部分を多く使用し、枝先のほうを持ち手としてつくりだしています」

とありました。すごい話ですね。

木を生かす文化はこんな時代からつちかわれていたのです。誰か一人が試してみて「これはいい」と思っただけでは文化とはいえません。それがたくさんの人に共有され、受け継がれていくのが文化なのです。自分たちが畑を耕したり、道具を使っていれば、どんな木の、どの部分を、どう使うといいかは素直にわかるものです。しかし、そうしたことを頭で考えるだけになれば、とても難しいことのように思えるでしょう。文化としての知恵は実際に使われてこそ意味があるのです。木を生かすことより、速さ、安さ、形だけを求めた現代人は、こうした木との暮らし方を忘れてしまったのです。

# II　木の知恵

## 舟大工の秘伝

木の「時間がたっても復元してくる力」を知っていたのは宮大工《みやだいく》だけではありません。木で舟をつくる舟大工《ふなだいく》たちも木の復元の力をじょうずに利用して、水が漏《も》るのを防いでいました。今は日本中を旅しても、木で舟をつくる舟大工さんは数えるほどしかいなくなりました。昔はほとんど日本中の川に川舟が浮かび、港にも木の船がたくさん係留《けいりゅう》されていました。

舟は木でつくるものだったのです。今はＦＲＰ《エフアールピー》というガラス繊維《せんい》をプラスチックで固めたものや、鉄、アルミニウムなどでつくっています。

木でつくる川舟の話です。

舟は板を張り合わせてつくりますが、二枚の板を重ね合わせて釘《くぎ》で止めただけでは、必ず間から水が浸《し》み込《こ》みます。家の壁ならこれでいいのですが、水の上ではこれでは問題があります。見た目にいかにぴったりくっついているようでも、それは人間の目にそう見えるだけなのです。

舟大工は「人間の目はごまかせても水はだませない」といういい方をしますが、水の漏らない舟をつくるためにはどんな隙間《すきま》もつくってはならないのです。完成したときはもちろん、時間がたって木が乾燥して縮んでも、接《は》ぎ合わせた部分が開いたりしては困ります。人間が来るのですから、いのちがかかった話です。

そのため舟大工さんたちは板同士を重ね合わせて釘を打つのではなく、木の木《こ》端《ば》面《めん》と木端面を合わせた接ぎ方をします。木端面とは板の表面ではなく、切断面をさします。大工さんによっては「ガワ」という呼び方もします。六五ページの図を見てください。舟づくりではこの切断面同士を接ぎ合わせるのです。

もしできるものなら、板同士を真《ま》っ平《たい》らに削ってくっつけてしまえばいいのですが、木は生きものです。木は乾燥が激しければ縮み、湿気が多ければ水分を吸って膨《ふく》らみます。

こうした変化するものを真っ平らに削るというのは不可能です。真っ平らというのは人間の頭のなかで考えたことで、実際にはありえないことだからです。

そのため舟大工たちは木を張り合わせるのに、真っ平らとはまったく反対の方法をとります。一つは「木殺《きごろ》し」という物騒な名前の技です。木殺しというのは接ぎ合わせる木端面の縁《ふち》を叩かないように、中程だけを金槌《かなづち》の凸面《とつめん》で叩いて凹《へこ》ませてしまう技です。金槌は片面が真っ平らで、反対側は凸面になっているのはご存じですよね（左図）。もし知らなかったら、一度見てごらんなさい。あんな何でもない簡単な道具でも、工夫が凝らしてあるのです。木殺しされた木端面は凹んでいますが、時間がたてば木の元へ戻ろうとする力で膨らんできます。ただし、こうした性質はすべての木に顕著なわけではなく、杉や檜《ひのき》の癖《くせ》です。松の木では、こうならないのだそうです。

ただ凹ませただけではなく、凹ませておいたところにマキハダという檜の内皮《うちかわ》からとったものを挟み込んでおきます。マキハダは水を吸って膨らんで隙間を埋めますし、木殺しされた部分もしだいに膨らんで、さらに隙間を埋めるわけです。

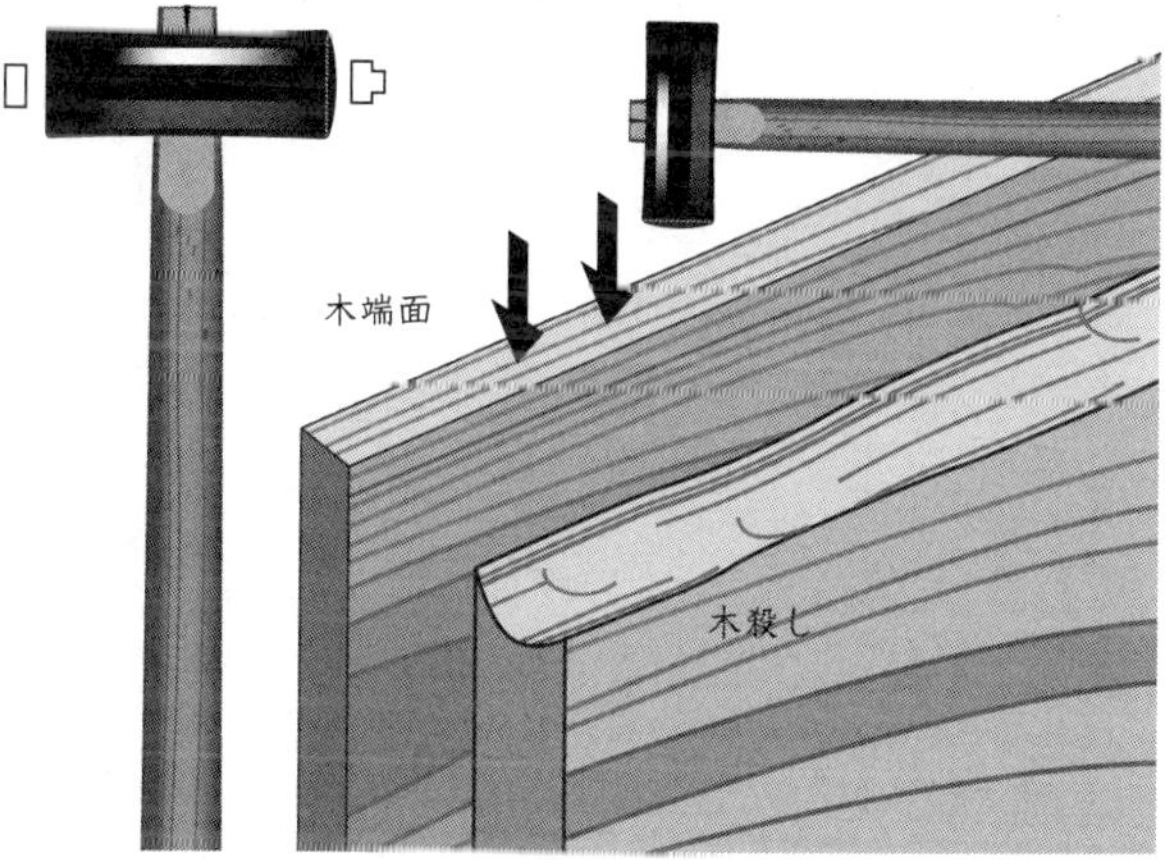
木端面
木殺し

こうすることで板同士はぴったりとくっつき、水が漏れなくなるのです。

またもう一つ、摺《す》り鋸《のこ》という鋸《のこぎり》で、接ぎ合わせる部分の両面をこすり、毛羽《けば》を立てるという工夫もあります。ぼさぼさの面にしてしまうのです。水を含むと、このぼさぼさが膨らんで隙間を埋めるのです。こうしておいて、両面がぴったり合うように船釘《ふなくぎ》という特殊な釘を打ち込みます。木の元へ戻る力や毛羽立ちという性質を生かした舟大工の知恵です。

板と板を張り合わせるのに、今では強力な接着剤があります。こうしたものを使えば、板は二度と離れないほど密着し、水も漏れず、マキハダや摺り鋸を使わなくてもすみます。

それなのに私が会った老舟大工たちは、みんな昔ながらの方法でやっていました。なぜ接着剤を使わないのか、舟大工のおじいさんに聞いたことがあります。彼の答えはこうでした。

「一つは、まだ発明されて数年しかたっていない接着剤が、この後、時間がたってどうなるかわからない。わしらの技術は何代にもわたって確認されてきたもの

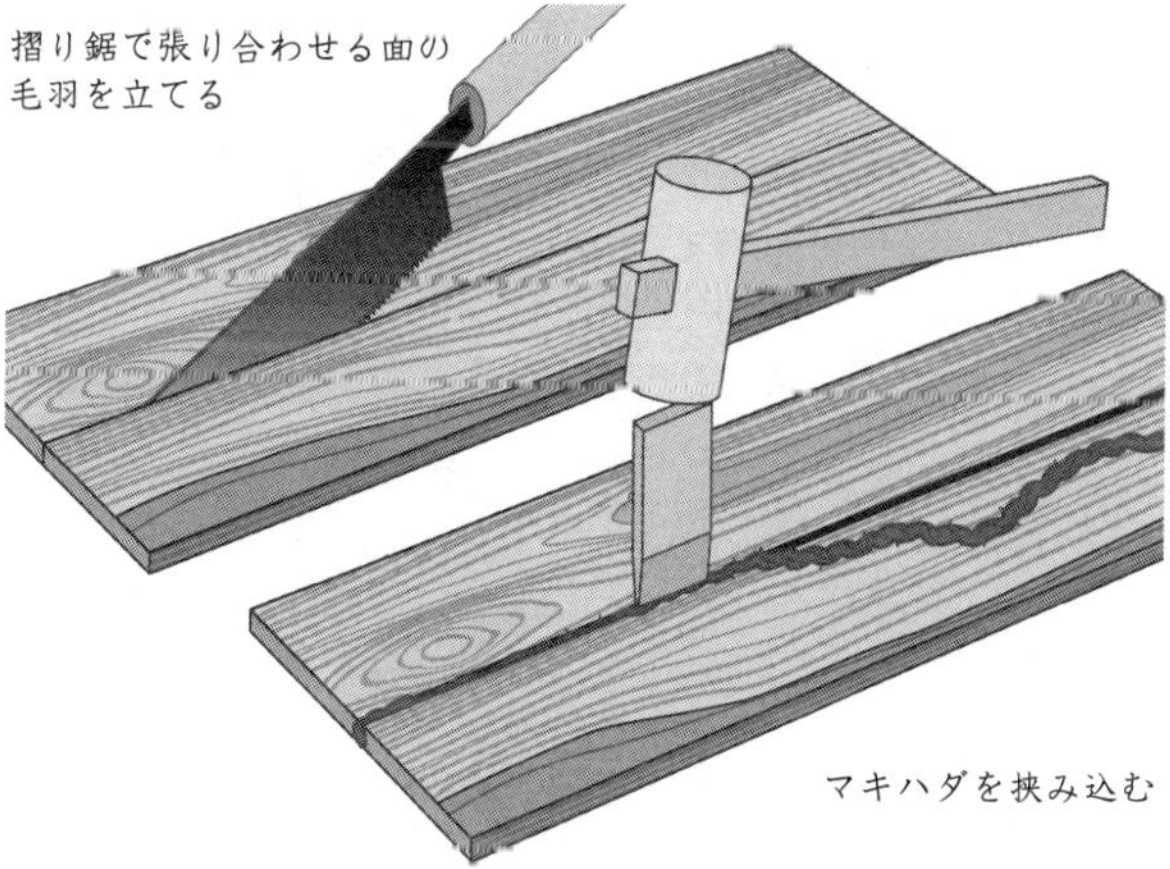
摺り鋸で張り合わせる面の
毛羽を立てる
マキハダを挟み込む

で、こうすれば安全だという確証があるんだ。便利だからといって、どうなるかわからないものは使えない」

「もう一つは、そうやって新しいもの、新しいものと追いかけていけば、自分たちが引き継いできた木を生かす技術が消えて、忘れられてしまう。技は人が継いでいくものだ。後になって、やっぱりじいさんのいうとおり昔のほうがよかったといっても、そのときでは遅いんじゃ。今まででよかったんだから、慌ててそういうもんを使うことはないじゃろ」

「わしらのやり方だったら、解体修理ができる。接着剤でくっつけてしまったのでは解体ができきんじゃろ。解体できるような接着剤なら、今度は反対に、おそろしくて使えんだろうしな。古い舟でも解体すれば使える板は何枚もあるんだ。この材木置き場には、そういう板が何枚も積んであるが、接着剤でくっつけてしまっては、そうしたものも使えなくなってしまう」

法隆寺《ほうりゅうじ》の宮大工とまったく同じことを舟大工もいっていたのです。日本の木を使う心構えはこのようなすばらしいものでした。

## 節を生かす

木には節《ふし》があります。節は幹から枝が出たその根元の跡です。葉や実をならせ、大きく伸びる枝を支える部分が幹と枝の境目ですから、かなりしっかりと幹に食い込んでいます。

こういうところには強い癖《くせ》があります。ここに刃物が当たりますと、欠けたり、曲がったりします。それほどはかの部分とは違った強い性質を持っています。

木を材として使うには、枝は邪魔です。ですから枝を切り落として、できるだけ真っ直ぐに同じ太さの木を育てるのが育林家《いくりんか》の仕事になります。

枝を根元から切り落とすと、木はその切り口を守るために皮をのばして傷口をおおいます。人間の皮膚が傷を治す作用と同じです。

そして生長を続けるとその傷跡は木の内側に隠れてしまいます（七二ページの図参照）。

十分に太り育った木では、この枝の切り跡である節は柱に仕上げても出てくることはありませんが、板にすると紋様《もんよう》のように出てきます。節は周囲と収縮率や硬さが極端に違うので、ひびが入ったり割れたりする原因にもなり、建材《けんざい》のなかにたくさんあると嫌われます。板や柱は節のないものほど喜ばれ、値段も高くなります。

この節には二つの種類があります。

一つは周囲の繊維《せんい》や組織と密着していないもので「死《し》に節《ぶし》」と呼ばれるものです。

もう一つは、まわりの繊維や組織と一体になった「生《い》き節《ぶし》」です。

死に節は、幹が生きている間に枯れ枝となった枝の根元の跡で、まわりと繊維が分離しているために、板にしても節が孤立していて、力を加えると抜けて穴になります。家の壁や舟の板に穴が開いていたのでは困りますので、実際に使うときにはそこに同じ大きさに切った木や鋸屑《のこぎりくず》を固めたものなどを詰めて穴を埋め込みます。これを「埋《う》め木《ぎ》」といいます。埋め木のためにはたくさんの労力がいりますので、死に節は嫌われます。

生き節は抜けることはありませんが、節のなかにひびが入ることがありますし、見た目も悪いのでやはりこれも嫌われます。

ところがこんな節にも長所があります。

杉の板は素直な木なので割れやすいところがあります。川の舟は川原の石の上に乗り上げたり、板が割れる機会が少なくありません。ところが節があれば、そこで割れは止まります。節のある木は割れに強いのです。ですから、舟用の杉の木はわざと節の多い木を育てます。それでも節には細い筋があったり、欠けたりしやすいので、舟をつくる段階で、さきに穴や隙間《すきま》、ひびを埋めておきます。

小さな穴は細く爪楊枝《つまようじ》のように削った木を差し込んで穴を塞《ふさ》ぎますし、少し大きめのものは丸い棒を差し込んで蓋《ふた》をします。大工さんによっては真竹《まだけ》を乾燥させ、細く板状にして打ち込んでいる人もいます。

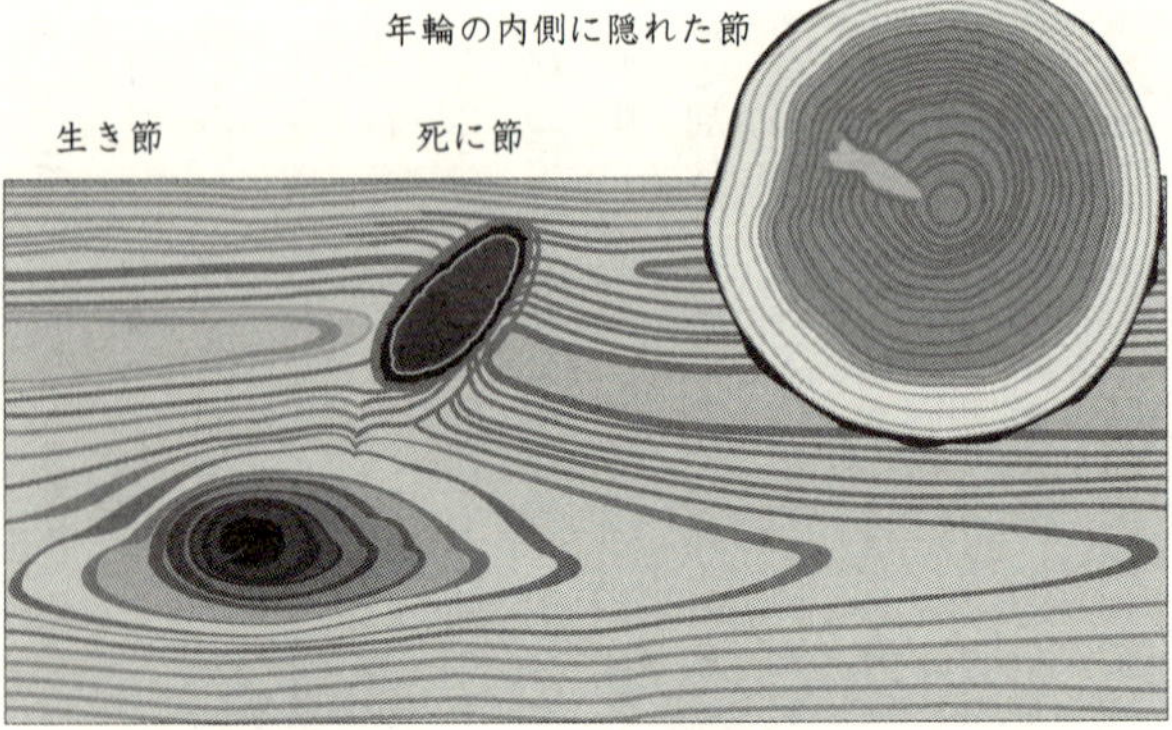
年輪の内側に隠れた節
生き節
死に節

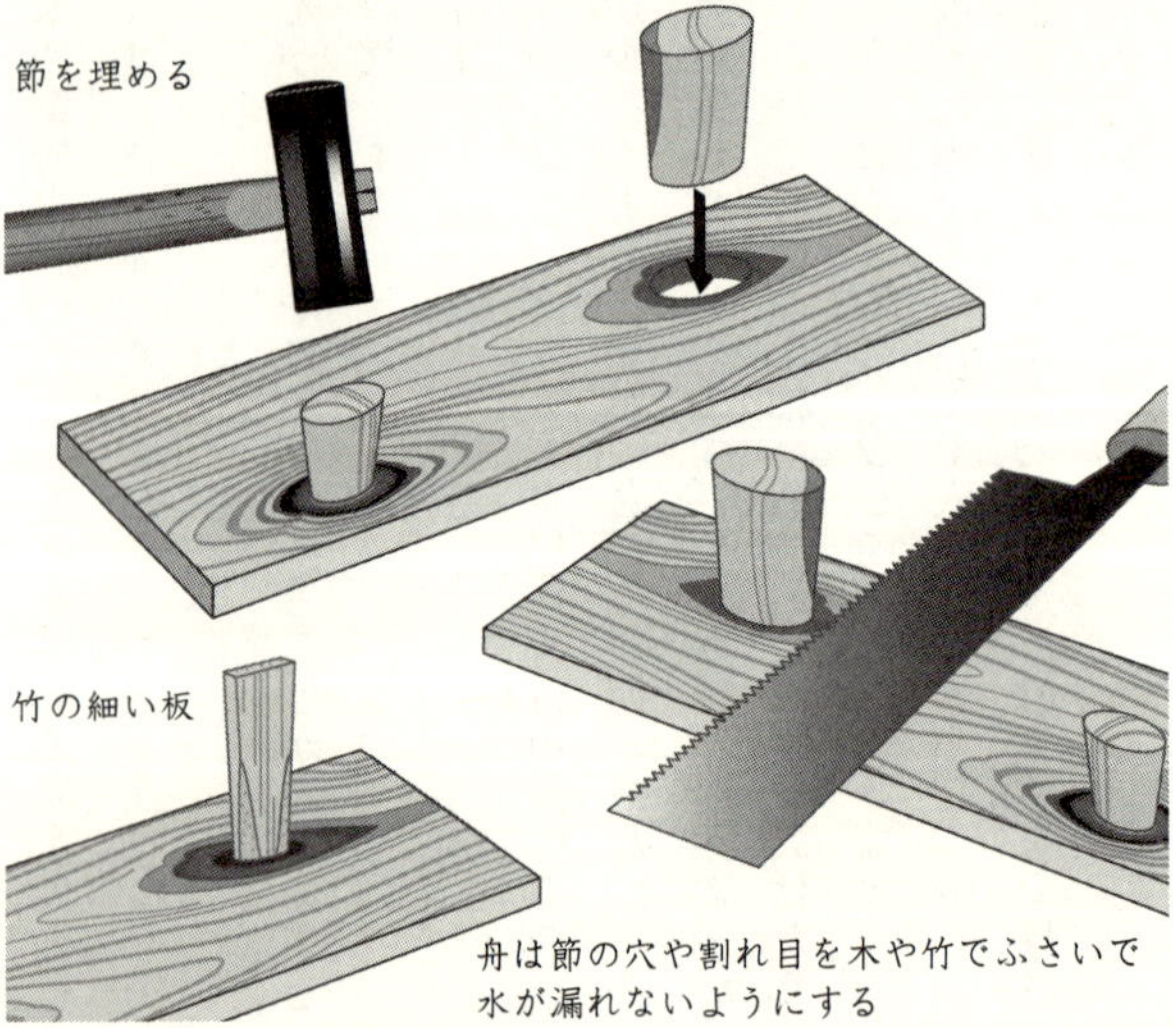
節を埋める
竹の細い板
舟は節の穴や割れ目を木や竹でふさいで
水が漏れないようにする

こうした作業を見ていますと、欠点と思える部分も、使いようや手を入れることで、欠点を補えるばかりか、ほかにはない強度を手に入れることもできるのです。これはものを利用するときの大事な考え方です。昔の人たちは利用法に先入観を持たず、「使いづらいから捨てる」「使いづらいから使わない」というのではなく、その癖を生かすことを考えていたのです。

## 木を焼き、木をゆでる

木が本来持っているあるがままの癖《くせ》を生かすばかりではなく、限度ぎりぎりまで手を加え、新たな性質を引き出してやることもあります。

舟大工《ふなだいく》がつくる木の舟は、側面の板が曲がったり、ねじれたりしています。川ごとに舟の形や構造は違いますが、多くの川舟で底の板（舟大工は「敷《しき》」といいます）は舳先（前）と艫（後ろ）のほうに向かって、反ってはいますが、ほぼ平らです。しかし、それ以外はほとんどが曲線です。できあがった舟を見ますと、こんなに板が曲がってねじれていて、よく折れたり、ひびが入ったりしないものだと思わせるほどの曲線を描いています。これは水に浮かべ、舟を操作しやすいようにするためもありますが、曲面をもたせることで、元へ戻ろうとする力を利用して丈夫な構造に仕上げているのです。

板は竹のようにはいきませんが、力を加えますとある程度曲がりますし、ねじれます。薄ければ薄いほど、曲がり方は大きくなります。しかし、柱や角材となると、なかなか曲がりません。無理をすれば、折れてしまいます。

舟に使う板は杉や檜《ひのき》です。

これらの板はしなやかで曲がりやすく、元に戻る力が強いという性質を持っています。舟大工は舟に適した材料を「粘《ねば》い」木といいます。しかし、板を曲げるといっても、通常のままでは限度があります。それ以上に曲げたりねじったりすれば、板は割れたり、折れたりします。

ですから必要な極限まで曲げるために、舟大工は板を焼いたり、煮たり、熱湯をかけたりします。板はお湯をかけたり熱を加えたりすると、曲がりやすくなるのです。

煮たりお湯をかけりるのはわかっても、板を焼いても大丈夫なのかと思われる方もいるかもしれません。しかし、その加減を見るのが勘《かん》と経験です。焼けば火がつき、炎を上げて燃えあがり、板は焦げます。この火のつき加減、焦げ加減を見ながら、ときどき水をかけ、力を加え、必要な分だけ曲げるにはどこからどこまで焼いたらいいのか、それ以上焼いたら板が弱くなってしまう限度はどこか、といったことなどを見極めながら焼き、曲げていきます。

徳島県の吉野《よしの》川《がわ》の舟をつくっている舟大工は、外側が炎を上げ黒くなるほど燃やしながら、舳先（舟の先端）に向かう側面の板を徐々にねじ曲げていました。火の加減を見ながら、まわりを水で濡らして曲げていきます。火で焦げたすぐ近くの板に触ってみますと、さっと手を引くほどの熱さです。板を焼き、力を込めて少しずつ曲げ、曲がるとそこまでを釘《くぎ》で固定して、舳先の尖《とが》りまで順に曲げていきました。

力を込めるときに、ときおり、ばりっという音がしましたが、板は折れず、割れてもいませんでした。焼かずに曲げたのでは、きっと折れてしまうでしょう。こうしてねじれ曲がった曲線は美しいものです。

沖縄の「サバニ」という海の舟をつくる舟大工は、火をつけるのではなく、熱湯をかけながら大きな板を二本の棒で挟んで、ぎりぎりとねじ曲げていました。この舟も美しい曲線をもっています。昔、丸木舟をつくるときは一本の太い木から削りだし、中を火で焼きながら棒を渡して舟の幅を広げていきました。やはり火の力を借りることで木の新しい癖を引き出していたのです。

木の癖を生かす技のなかには、そのままでは曲げることの難しいものを外からある力を加えてやることで曲げたり、曲がったその形を保《たも》つという隠されていた力を引き出そうとする方法もあります。乾燥してしまえば曲げるのが難しくても、まだ軟らかな生のままなら容易に曲がる木もあります。

チョウナ（四五ページの図参照）という曲がった木の先に刃物がついた道具の

柄《え》は、山から伐《き》ってきたカシの枝を曲げ、ロープで固定し、そのままの形になるようにしてつくります。そうするとカシはそのまま曲がった形になり、柄として使うことができるようになるのです。

## 曲げわっぱとかんじき

もう少し、熱を加えて木を曲げる話をしましょう。曲げわっぱという容器を知っていますか？　杉や檜《ひのき》、イチイなどの薄い板を、円形や小判形に曲げてつくったものです。弁当箱や小物入れなどに使われました。「メンパ」の名でも呼ばれています。これは薄い板をゆでるか、熱い蒸気を当てて熱してから曲げてつくります。熱せられた薄い板は曲がりやすく、それを元へ戻らぬように型にはめたり、しばったりして、形ができあがったら、桜の皮でつくった帯で縫い止めて、底をつくって仕上げます。

ご飯をよそうしゃもじはブナの木などでつくりますが、ある大きさに切って下《した》拵《ごしら》えをした木をストーブの上に用意した大きな鍋で煮て、軟らかくしてから形を削ったり、「セン」という道具でえぐって凹《へこ》みをつけていました。こうすると作業が楽にできるのだそうです。

雪国で使う道具に「かんじき」というものがあります。

これも木を円形や楕円形《だえんけい》に曲げて、その上にロープや針金で長靴を載せる部分をつくります。紐を使って長靴にくくりつけ、雪の上を歩く道具です。人間の重さがかんじきの輪に分散されて足が雪に深く沈まないで歩くことができるので、昔から使われてきました。

この円い輪の部分をつくる材料は、地方によって違いますが、ヤマグワ、ヤチダモ、リョウブ、ミズキ、モミジ、クロモジ、アブラチャン、マンサクなどです。北海道で使われるヤマグワを例に取りますと、直径九センチほど、長さ九〇センチほどにして取ってきます。この木から柾目《まさめ》に角材を四個取ります。白太《しらた》（樹《じゅ》

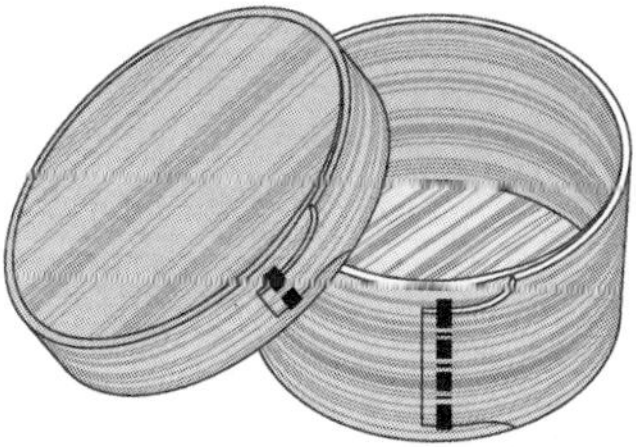

曲げわっぱ

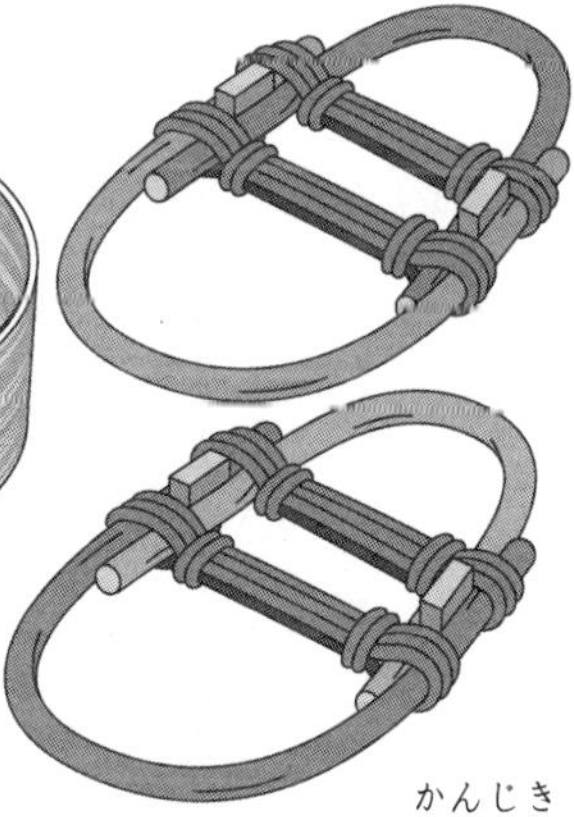

かんじき

皮《ひ》に近い部分。九四ページ参照）を除くと三センチ角になります。まずは蒸気で蒸し、それを曲げてU字《ユージ》形につくって、これを二個合わせて楕円形にします。マンサクなどは丸木《まるき》のまま煮て皮を剝《は》ぎ、一カ月ほど針金で固定して形をつくります。

形を整えたり、反《そ》らしたりするときには、模型飛行機をつくるときにろうそくの火で竹ひごを曲げたように、火で炙《あぶ》って少しずつ曲げます。

熱を加えずとも水に浸《ひた》すだけで柔軟さを出すこともありますし、曲げる部分を薄く削ってやることで、より曲がりやすくしてやる方法もあります。その木その木によって合った方法を使っているのです。こうしていったん曲がったまま固まった竹や板は、内部に戻ろうとする力を宿《やど》しながら、形を保《たも》ち丈夫に長持ちします。

## 木のあて

木の話に戻りましょう。

一本一本の木には個性があり、それぞれが違った性質を持っています。決して同じ木というのはありません。これは木に限らず、自然のものはみんなそうです。草も魚も石や岩も人間も、一つとして同じものはありませんね。

さらに一本の木でも部分部分で、これまた癖《くせ》が違います。

木は動けませんので、太陽の光の当たる側と当たらない側ができます。日の光の当たる側を「日表《ひおもて》」、反対側の当たらないほうを「日裏《ひうら》」といいます。日表と日裏では、木の性質に大きな違いがあります。この話は前にしましたね。

日の当たる側では、木はよりたくさんの光を浴びて栄養分をつくろうと枝をたくさん出し、葉を茂らそうとします。枝の根元の部分は前に話しましたように、柱や板にしたとき、節《ふし》になって残ります。ですから日の当たる側には節が多く、逆に、日の当たらない側には枝が少ないため、節も少ないのです。ですから材になった日裏には節が少ないということになります。

節の多い少ないだけではなく性質も異なり、日表は日裏に比べて粘《ねば》りがあって丈夫です。

これは竹でも同じで、弓をつくるときには、日の当たる日表を弓の外側に、日の当たらない日裏を内側に使います。そうすることで丈夫な弓をつくることができるのだそうです。

節というのは幹《みき》についた枝の根元の部分でした。枝を支えなくてはならないために癖の強い性質が節として残ったのです。

同じように一本の木で一番力がかかるところは幹の根元です。

風や雪に耐える大きな木全体を支えるのですから、それだけ繊維《せんい》も丈夫にできています。まして木が斜面などに生《は》えると、幹はいったん斜めに伸び、それから垂直に立ち上がります。雪国では斜面の木の多くは雪で押され、根元が谷側に一回曲がっています。この曲がった根元の部分を「あて」といいます。

厳しい環境、厳しい条件で育った木には強い癖があります。あては、伐採《ばっさい》し、乾燥させ、製材しても反発力が強く、反《そ》れたり、曲がったり、割れたり、ときには製材するさいに大きくはじけたりします。ですから製材所の人はその癖を長い経験から見ぬいて機械にかけます。粘土の塊をナイフで切るように均等に切るわけではないのです。

切断のさいに、それまで繊維同士がからみあって押さえられていた癖が、突然、噴き出てくることがあります。木は根を張って生きていたときは安定しています。組織や癖を互いに補いながら生きているからです。生きていることで癖が隠されているのです。ところが枝を払ったり、鋸《のこぎり》で切ったり、割ったりすると、狂いが生じてきます。

製材所のベテランの技師は工場に入ってきた木の性質や癖を見ぬき、切るとどんなふうに狂いが出てくるかを見きわめ、材に印をしてから、機械にかけます。

ただ寸法を計って機械にかけたのでは、注文通りの品物ができないばかりか、「木が暴れる」といいますが、ときには意外な方向に割れたり、反り返ったりして、思わぬけがをすることもあります。木は一見おとなしく、人間の思うままに加工できるように見えますが、結構気性の激しい素材なのです。

外から見たときにはわかりませんが、森のなかで工事のために打ち込まれた釘《くぎ》やくさびがそのまま残されると、木はそれを材のなかに飲み込んでいきます。あてや大きくふくらんだ根元の部分を製材所の鋸にかけたら、中に隠れていた釘が出てきたり、大きな石で刃を欠いてしまったということもあるそうです。

通常の建造物では、癖の強すぎる「あて」の部分は敬遠して使いません。木を伐採するときは、あての上の素直な部分から伐《き》り倒《たお》して運び出します。使えない部分を伐ってもしかたがないからです。ですからアメリカやカナダの古い森に行きますと、大きな切り株がかなり上の部分から伐られて残っています。屋久島《やくしま》にあるウィルソン株というヤクスギの大きな切り株も、地上から約四メートルのところで伐られていました。ちなみにウィルソン株の幹まわりは一三・八メートル、地面に近い根元の周囲は三二メートルでした。

こういうふうに嫌われ者のあてですが、こういう癖があるからこそ生かせることもあるのです。

江戸時代に伊達《だて》政宗《まさむね》は「サン・ファン・バウティスタ号」という外洋に出る船をつくらせました。「サン・ファン・バウティスタ号」の大きさは推定三〇〇トン。遣欧使《けんおうし》節船《せっせん》として支倉常長《はせくらつねなが》（一五七一〜一六二二）たちが乗って、慶長《けいちょう》十八（一六一三）年に太平洋を越え、第一の目的地であるメキシコへと向かいました。この「サン・ファン・バウティスタ号」は、スペインの「ガレオン船」をモデルとして仙台藩が建造したものです。ガレオン船は、ヨーロッパ大航海時代に発達したものでした。

この三〇〇トンというのは当時の日本では超大型船です。この船が平成に入ってから復元されたのですが、そのさいに内部構造を見せてもらったところ、船の丸みのある部分を内側から支える。人間でいえば肋骨《ろっこつ》に当たる部分（肋材《ろくざい》といいます）に、木のあてが使われていました。

一本の木の根元の曲がった部分を二つに割って、船の左右に対称に使ってあったのです。舟大工《ふなだいく》の棟梁《とうりょう》は、

「こういう部分には癖の思いっきり強いのを持ってくると、素直な木よりずっと強くなるんだ」

といっていました。

同じような使い方を、イギリスの古い納屋《なや》でも見ました。大きなカシの木のあてをやはり二つに割って左右対称に棟《むね》を支える頑丈な支え柱として使ってあったのです。その力強さと大胆な意匠には驚かされました。中に入ったときには、一瞬、鯨《くじら》の体の中はこうかなと思いました。国は違っても木を扱った人たちは、木の癖をよく知っていて、それを生かそうとしたのですね。

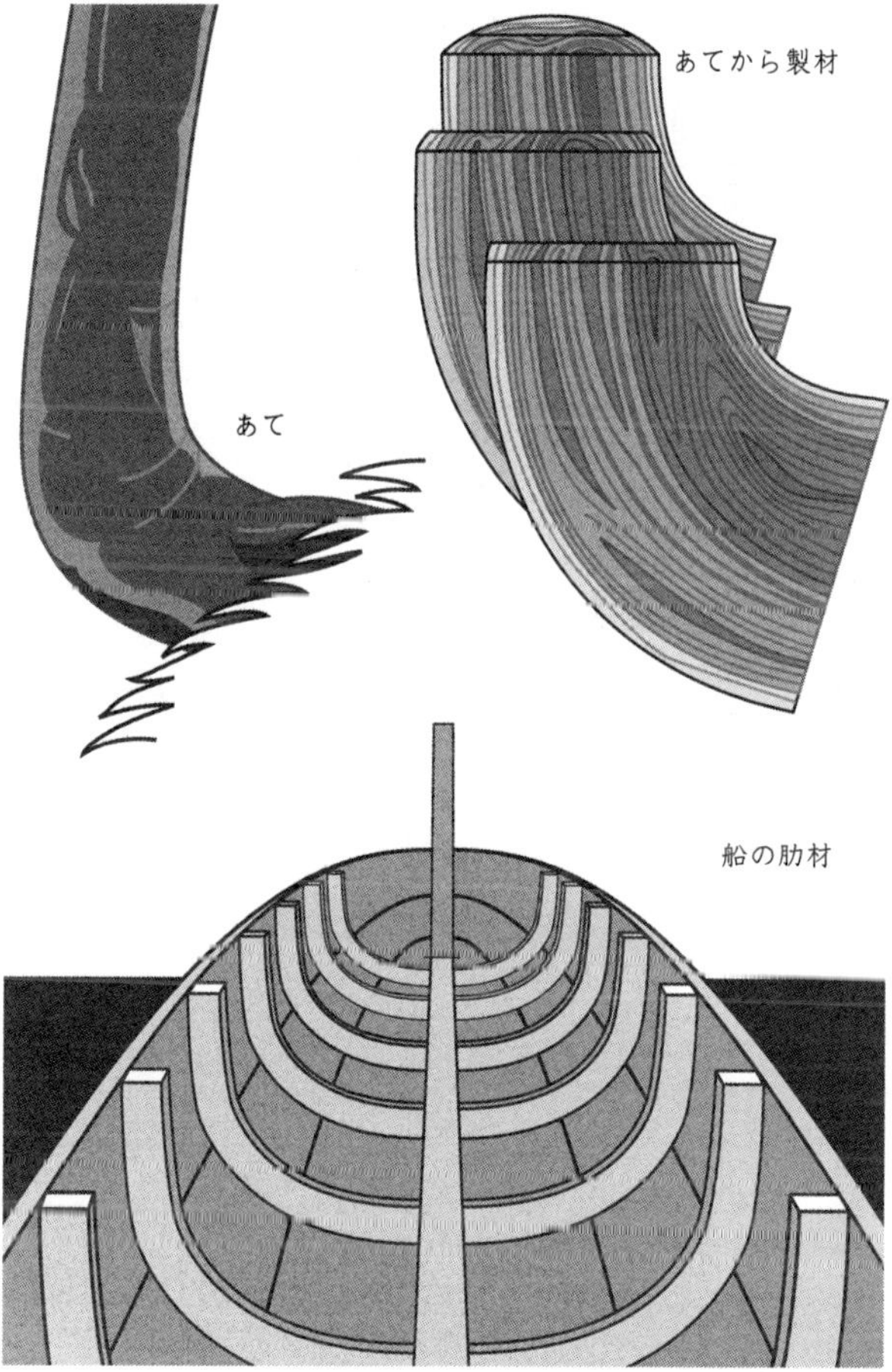
あて
あてから製材
船の肋材

## 丘の上の一本木

宮大工《みやだいく》の口伝《くでん》にもありましたが、大工たちは木を買うさい、山にその木がどんなふうに生《は》えているかを見に行きました。川の舟をつくる大工も同じように、自分で山の木を見に行って、木の生えている場所や生育《せいいく》を見て買います。舟大工《ふなだいく》さんに、

「木を選ぶときに気をつけることは？」

と聞きましたら、

「注意することは、丘の上の一本木は買わないことだ」

といわれました。

丘の上に一本だけ生えている木は、邪魔するものがないから自由に育ちます。

山の木や林の木は、まわりに日光を遮《さえぎ》る敵がいます。植物は自分では動けませんから、同じ場所でまわりの木よりもたくさんの日の光を受けようとすると、速く大きく枝を伸ばすしかありません。その競争は激しく、枝は交錯《こうさく》し、複雑に入り組んでいます。競争に負けた枝は葉が落ち、しまいには枝そのものも枯れ、落ちてしまいます。

ところが丘の上の一本の木は、邪魔者がないから精一杯好きなように枝を伸ばした、すばらしい姿をしています。写真を撮りたくなったり、絵に描きたいと思うのはこんな木です。

しかし、舟大工はこんな木は買いません。素直で、いい材質に育っていそうなものですが、そうではないというのです。

一本の木は日の光をたっぷり独り占めできるかわりに、たった一本で風に立ち向かわなければなりません。激しい風にさらされた木の枝は風に押されます。幹《みき》はそれに耐えようと、力を入れます。長い間にそれは木の癖《くせ》になります。そして風の強いところでは幹にひずみが出て、材にしたときに、ねじれや割れの原因になるというのです。自由にのびのびと育ったように見える一本木は、そんなわけで敬遠されます。

しかし、ずっと話してきましたように、木の癖を生かすのは大工の仕事です。またほかにも自然の素材を使う職人は、みんな素材の癖を見ぬき、それを生かすようにしますし、違った性質のものを組み合わせて、よりよいものをつくっています。

癖を見ぬき、適切に使うことを「適材適所」といいます。これは使う側の身勝手な考えではなく、そこに使うことで、使われたものも得をするやり方です。こうした工夫がなされますと、できたものは丈夫で長持ちし、美しく見えるものです。

せっかく材になった木ですから、使いきりたい。使いきるというのが自然の素材を扱う人たちの基本的な心構えです。それが、いつのころからか、速く、たくさんつくることが安くものを売ることにつながり、丈夫に、癖を生かすという考えを隅《すみ》に追いやっていきました。

癖を生かす工夫より、癖のない均一な素材として処理するほうが、ずっと大量に、速く生産できたからです。この考えは日常生活の品から家に至《いた》るまで、生活全般に広がりました。生きた素材を、工場から出てくるブロックや鉄と同じものと考えることにしたのです。個性や癖を無視した、適材適所とはまったく反対の考え方です。この考え方の基礎には、癖を生かして長持ちさせるよりは、速くたくさんつくることで安い値段をつける、壊れたら買い換えるという使い捨ての考えがあります。

## こけら屋根

こけらという言葉を知っていますか？　漢字では「杮《こけら》」と書きます。

武家屋敷や昔の民家の屋根、塀《へい》などには薄く割った板で葺《ふ》いたものがありました。今でも神社などの古い建物には、この薄い板で葺いたものがあります。「こけら葺き」といいます。薄い板が重なり合い、微妙なやわらかさを持った美しい屋根です。

屋根は瓦葺《かわらぶ》きやトタン、銅板で葺くものと思っている人が多いかもしれませんが、昔は建築の材料は、身のまわりに大量にある、安価なものを使うのが当たり前でした。ですからアシやススキで葺いた「草葺《くさぶ》き」や、檜《ひのき》の皮で葺いた「檜皮《ひわだ》葺《ぶ》き」、杉の木の皮で葺いた「杉皮葺《すぎかわぶ》き」、さきほど話した「こけら」と呼ばれる薄い板で葺いたものなどでした。近ごろは瓦屋根やトタン屋根が増え、火に弱い茅葺《かやぶ》き屋根や杉皮葺き、手間のかかる檜皮葺き、こけら屋根は姿を消しつつあります。

今では檜皮葺きやこけら葺きは、文化財の建物ぐらいにしか見られなくなりました。

昭和三十年代までは、学校、公民館などの大きな建物にもこけらは使われていました。それほど身近で安いものだったのです。

こけらの材料には檜やサワラなども使いますが、主な木は杉と栗です。秋田県のこけら屋根は、原則的に八寸（約二四センチ）の長さに切った丸太を、鉈《なた》と木槌《きづち》でミカンを割るように順に割っていくものでした。鉈の刃を当て、とんとんと叩くと、板は簡単に割れます。杉や檜、栗は柾目《まさめ》の方向に素直に割れる性質を持っているのです。このことを知って、こけら材に選んだのでしょう。仕上げは「セン」という道具でおこないます。

こけらは縦が八寸、幅は割る木の大きさや場所によってまちまちです。厚さは一分五厘（約四・五ミリ）で、重ね合わせたときに膨《ふく》らまないように、お尻を薄く削いであります。この薄い板を何枚も屋根に重ねて釘《くぎ》で止めていくのです。

屋根を葺くには、たいへんな数のこけらがいりますから、簡単に割れる性質の木が大量になくてはなりません。さいわい日本にはたくさん杉の天然木がありました。いい部分は建材《けんざい》に使い、伐《き》り残された伐根《ばっこん》などをこけらに使ったのです。かつては日本の山には栗の木も大量にありましたし、実が採れることから庭や屋敷に植えられてもいました。そうした木を屋根替えのたびに割って使ったのです。

こけらのつくり方

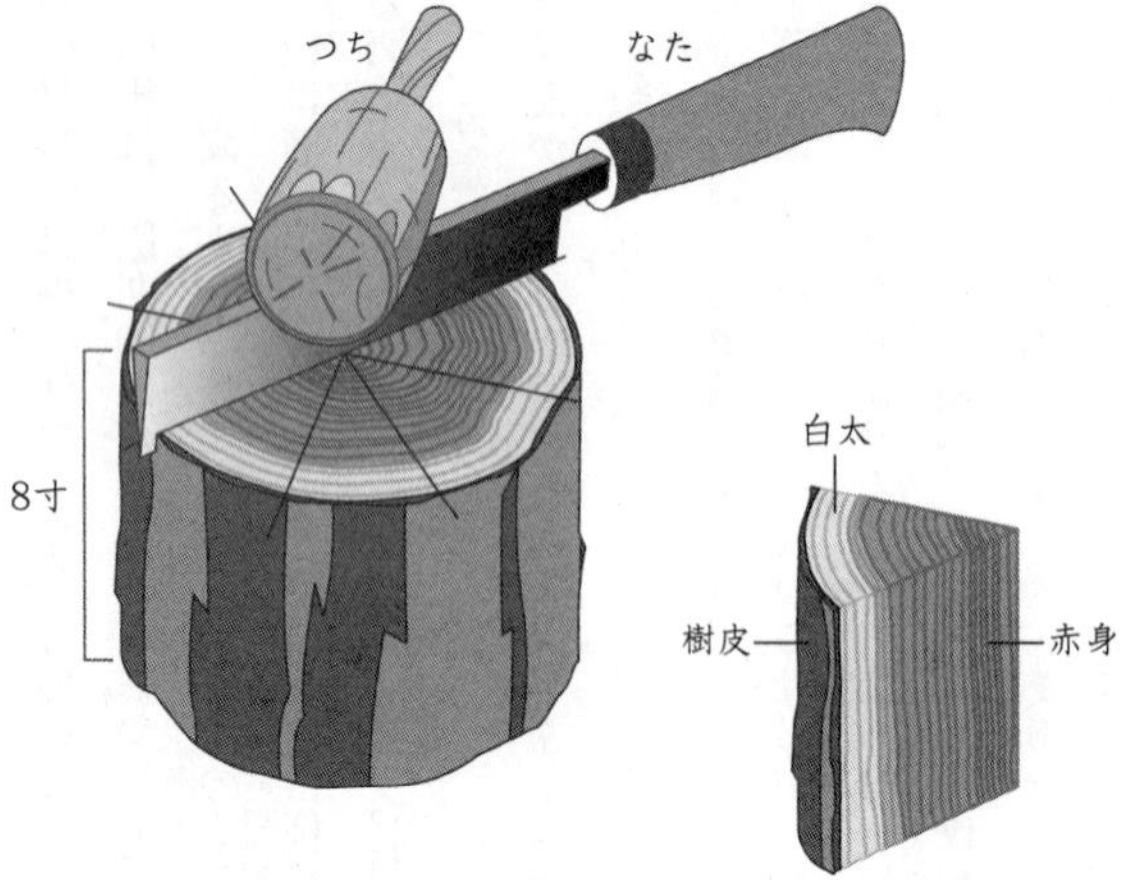


樹皮と白太を取り去る

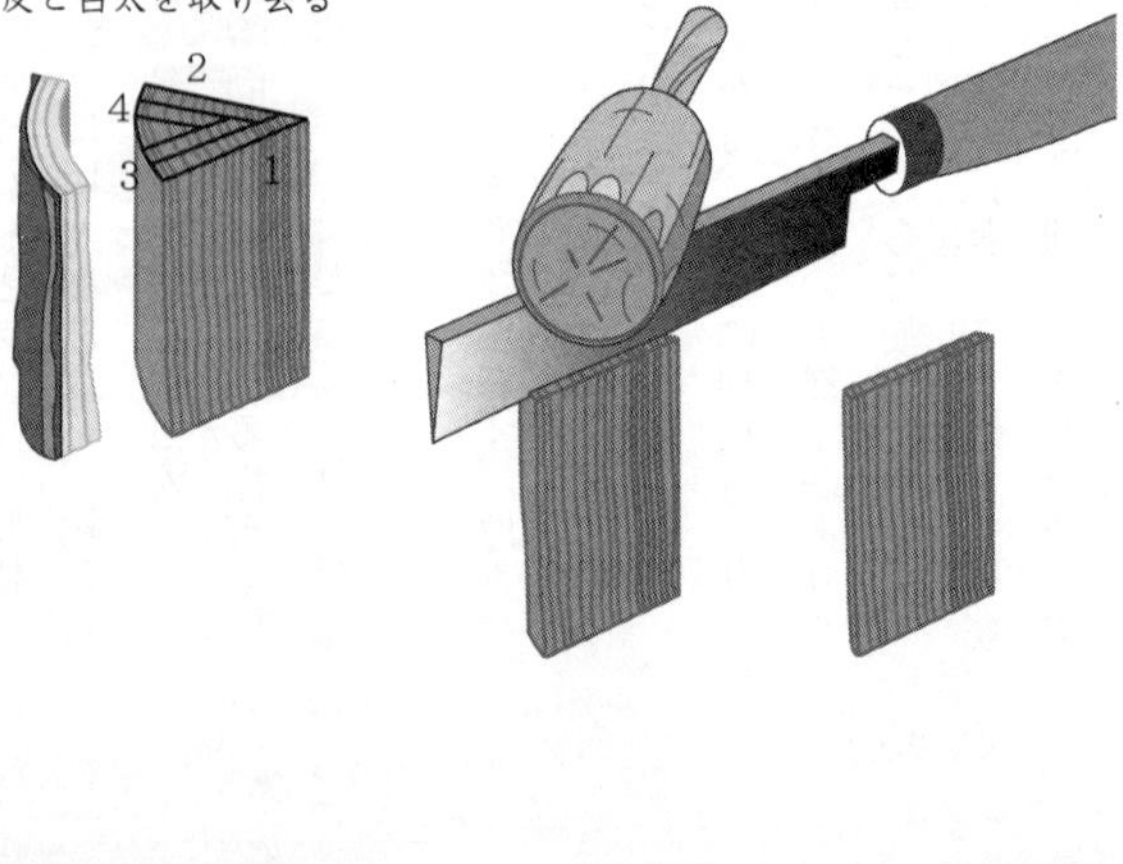

こうした木は年輪が詰まっていて、水を通しにくく、素直で真っ直ぐに割れる性質を持っていたので、こけらに向いていたのです。

## 赤身と白太

こけらづくりには、杉の丸太を輪切りにし、ミカンのように割り、丸太の外側、樹皮《じゅひ》に近い「白太《しらた》」と呼ばれる部分を取り去ります。

みなさんは杉の木の切り株を見たことがあるでしょうか。きれいに年輪が並んでいますが、真ん中に近いところは赤い色をしていて、外側は白です。さらにその外側が樹皮です。

赤いところを「心材《しんざい》」や「赤身《あかみ》」、白いところを「辺材《へんざい》」とか「白太」といいます。

赤身は木が育ってから長い時間がたっており、硬く、狂いが少なく、耐久性があります。

白太は木としてできあがってから間がないために、赤身に比べて軟らかく、水分も多く、腐りやすく、虫にくわれやすいのです。こけらづくりでは丈夫さを考えて、初めに白太の部分を取り去ってしまいます。白太は使いません。

これはさきに話した舟をつくるときでも、建物をつくるときでも同じです。丈夫さを考えて傷《いた》みやすい辺材（外側の材料という意味です）、白太は使いませんでした。

しかしここが木の難しいところですが、では赤身ならなんでも強いのかというと、一概にそうとはいえません。心《しん》の部分を含んだ板には弱点もあります。

たとえば、丸太を端から順にスライスしていきますと、真ん中は木の中心を通る板になります。木の中心部はほかの心材部分とはまた違う性質を持っています。心の部分はほかより硬く、乾燥するときにも収縮率が違うために割れる心配があるのです。

ですから舟の場合は、この中心部分を通る板は使いません。水が漏《も》る心配があるからです。心から少しずれた部分の心材の板が一番丈夫なのです。日本最長の木の橋である山口県岩国市の錦帯橋《きんたいきょう》に敷かれている檜《ひのき》の板は、乾燥してからの割れやひびを避けるため、赤身の心のない板を使っていました。

また、嫌われ者の白太ですが、これもまったく使いものにならないというものでもありません。

白太をじょうずに使ったものを見たことがあります。

あるお宅の二階に泊まったとき、夜中に起きて階段を降りようと思ったら、暗い階段の一段一段の縁《ふち》が白くなっていて、降りやすかったのです。すべて同じ赤身だけでは、各段の区別がつきにくいのを見越して、縁にわずかに白太を残してつくってありました。白太、赤身をうまく利用した木使いだと感心しました。

## 縦木取り・横木取り

そばをこねる「こね鉢《ばち》」というものがあります。これは木地師《きじし》と呼ばれる専門の人たちがつくります。こうした鉢やお椀やお盆などには、家を建てるときに使う杉や檜《ひのき》などよりも硬い広葉樹の木を多く使います。ケヤキ、ミズメザクラ、トチ、サクラ、クリ、ホオなどの木です。こね鉢の素材は主にトチです。木地師の仕事は、つくるものに合わせて、丸太をどのように切り取り、どのような形に仕上げていくかを考えるところから始まります。中にひびや、割れ、腐れ、節《ふし》がないかを、外側から観察して選びます。慣れた職人は経験から、目では見えぬそうした欠点を見つけだすのです。

こね鉢などは、大きな材を手チョウナという道具で彫っていきますが、簡単に考えると、大きな木を輪切りにして真ん中を彫り込めばできるだろうと思います。しかし、もしこうしてつくったら、容器の中心には心《しん》があり、内側は赤身、外側は白太の器ができるでしょう。これでは前に話したように中心部と外側の収縮率が違いますから、ひびが入り、割れができてしまいます。

そのためこうした大きな器をつくるときは、丸太から一〇一ページ上の図のように心を使わないように横に木を取ります。太い木からなら二個、もっと大きい木であれば三個取ることができます。こうした木の取り方を「横木取《よこぎど》り」といいます。

こね鉢と違って、小さな木のお椀をつくるときには、木の丈夫さや紋様《もんよう》の美しさを考えて「横木取り」の場合も、「縦木取《たてぎど》り」による場合もあります。一〇一ページの図を見てください。下段左の図が「縦木取り」、右の図が「横木取り」です。いずれの場合も心を除いて使っています。

ただし、縦木取りをするには、大きな木が必要になります。

横木取りでは、丸太を縦に二つに割り、木表を下にし、木裏を上にして、お椀などの器をつくります。このようにしてろくろという機械で挽《ひ》きますと、器のなかに輪のように年輪が模様になって出てきます。横木取りで挽いたお椀を上から見ると、柾目状《まさめじよう》になります。木表、木裏、柾目については、次項で説明します。側面には縦長の楕円《だえん》や、その一部が模様になって出ます。

拭《ふ》き漆《うるし》という木地《きじ》が見えるお椀やお盆では、こうした模様がはっきりしていますから、一度自分の家のお椀を見てごらんなさい。

そうしたことも考えながら、木地師はお椀やお盆をろくろで挽いているのです。

こね鉢やお椀の話が出ましたので、餅や米をつくのに使った臼《うす》の話もしておきます。

臼は大きなものですので、心材のある丸太をそのまま使いました。多くは根の張りの部分、「あて」を利用しました。あての丈夫さを利用したのです。樹種ではケヤキ、赤松、カシなどを使いました。これをある大きさに切ってから、こね鉢と同じように手チョウナで彫ったのです。

木取りは心を持った材は割れやすいという経験を積み重ね、割れないようにす

割れを防ぐためにこのように木取りをする

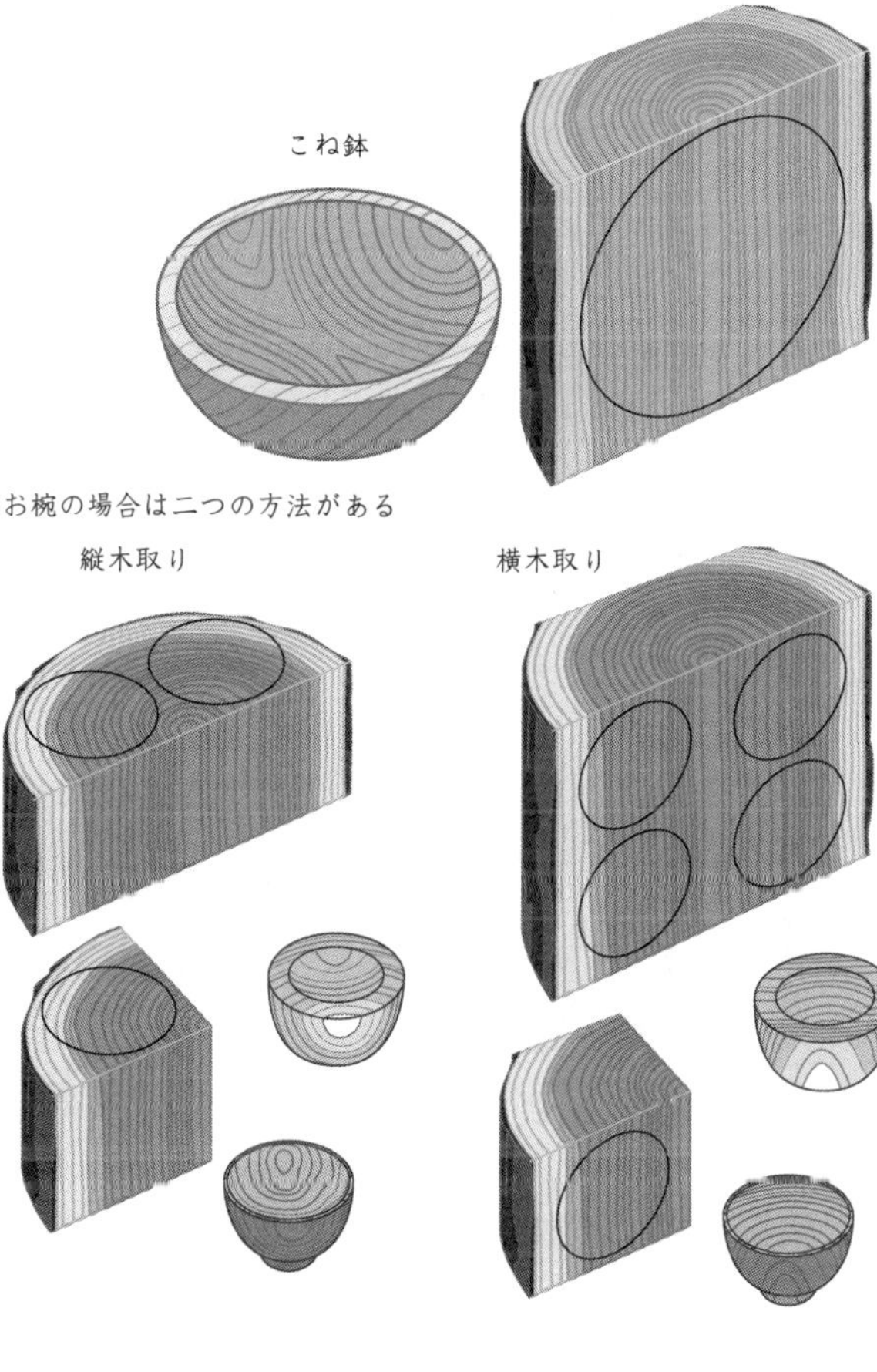

るにはどうすればいいかを考えて、編み出されたものです。

## 木表・木裏

一本の木から板をつくるときの話を続けましょう。

一本の木から数枚の板を製材するのですが、このときに一枚一枚の板には表と裏ができます。木の外側、中心から遠いほうを表、木の中心に近いほうを裏といいます。

一本の丸太を縦にスライスしていくと、次ページの図のように何枚かの板ができます。右側から見ていきますと、中心を通る板までは、右側が表で、左側が裏です。そして中心を通る板では裏表がなく、そこから左側では今までとは逆に、右側が裏で左側が表になります。

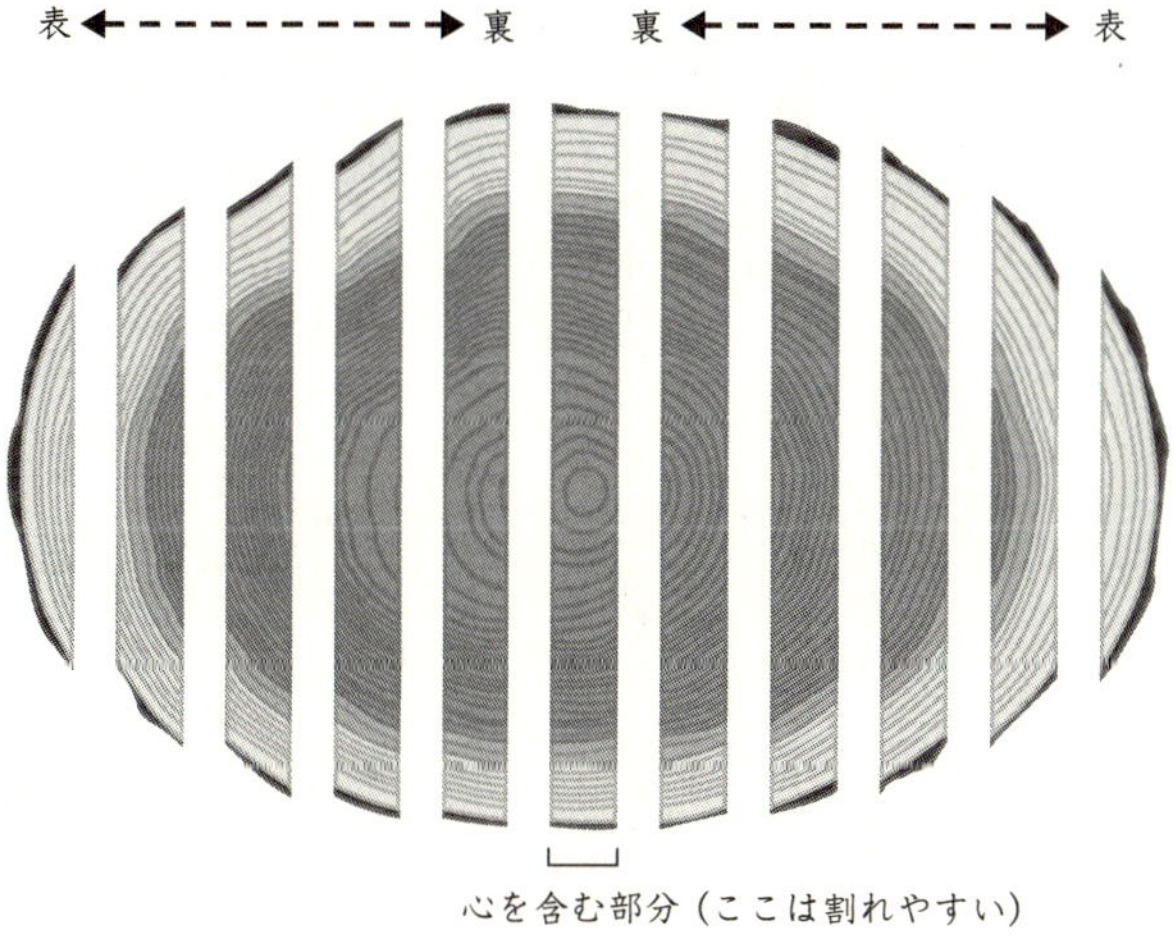


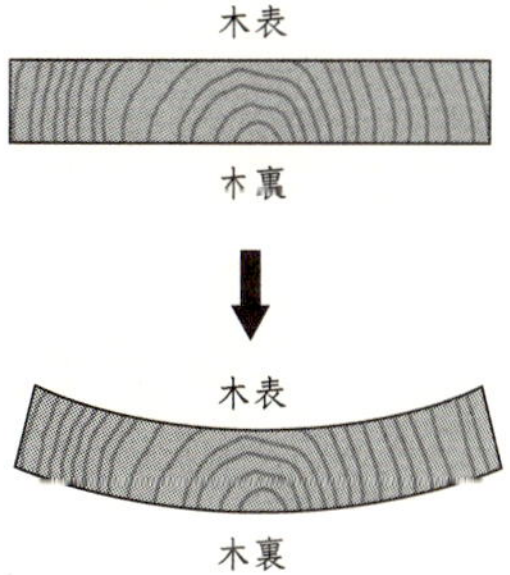


乾燥するときは
こんなふうに反る

柾目

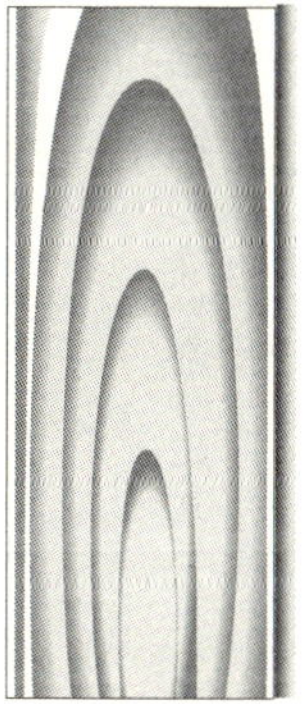

板目

中心を通る板とその前後の板は、木の表面に平行に年輪の紋様《もんよう》があらわれます。こういう板を「柾目《まさめ》」の板といいます。それ以外の板の表には山形の複雑な紋様があらわれます。こういう紋様を「板目《いため》」といいます。板は紋様で「柾目」「板目」の二つにわけられます。平行に紋様が出るのが柾目、山のような水紋の形の曲線がでるのが板目です。図を見てください。

板目の板には裏表があり、紋様のおもしろい表側を「木表」、その裏側を「木裏」といいます。

一本の木を切りわけて薄くした板には、一本の丸太ではあらわれなかった癖《くせ》が出てきます。

板目の板は木表の両側が反《そ》り上がる癖があります。板目の板を、表を上にして長い時間おきますと、凹《おう》の形に両端が反るのです。逆に裏を上にしておけば凸《とつ》の形になり、真ん中が盛り上がります。

なぜそうなるのかといえば、外側の白い部分は、中の赤い部分に比べて、水気が多く軟らかだからです。そのため板にして乾燥が進むと、内側の赤身の多いほうはそれほど縮まないのに、外側は大きく縮むためにに反るのです。

このことは建物の部材をつくるときに、とても重要です。

戸や障子《しょうじ》の枠は、外側に木表が来るように使うと、時間がたつにしたがって、反り返って端が持ち上がり、ひっかかりが出るので、木裏が外に出るように細工をします。両開きの扉などでは、二つの面がぴったりと合わなくてはなりません。時間がたって癖が出てきてもぴったり合わなくては、つくった職人の腕が疑われます。そのためにも、扉の縦框《たてがまち》といいますが、この部分は左右の扉とも、外側が凸になるようにします（一〇七ページの図参照）。

法隆寺《ほうりゅうじ》などの古い建物には、上からかかる荷重を順に下の柱に伝えていく役目の斗《ます》が多く使われています。その斗をつくるとき、どうするのかを宮大工《みやだいく》に聞きました。

法輪寺《ほうりんじ》の再建《さいこん》のときには、斗は木裏が下にくるように使いました。これは十分に大きな木から取った部材だったために、心の部分が使われていなかったということもあります。心が下にあれば、そこからひびが入り、割れることがありますが、その心配はなかったのです。それで斗の使い道を考えたときに、上からの荷重を引き受ける下の部分に目の込んだ心材が来るように配慮したのだそうです。この場合、縁《ふち》が年輪の筋にかかり、弱くなるのですが、荷重に耐える部分の強度を優先したのだそうです。

年齢の若い、心のある木を使う場合は逆にするだろうとも話していました。心を持っているのだから強さが変わらないので、表を外に出したほうが美しいからだと。しかし、割れの心配は残ります。

日本の家には、障子や襖《ふすま》を開け閉めさせるために、それらを上下から押さえ、通り道を彫り込んだ鴨居《かもい》と敷居《しきい》があります。この敷居や鴨居をつくるときも木表・木裏の反りによって建てつけが悪くならないように、鴨居（上）は木表を下向きにしますし、敷居（下）は木表を上向きにして使います。こうすることで溝の凹《へこ》みは深くなるうえに、すべりが保《たも》たれるからです。余談ですが、鴨居や敷居は何度も使われますので、硬くて長持ちする桜などを使いました。減っては困るからです。

斗

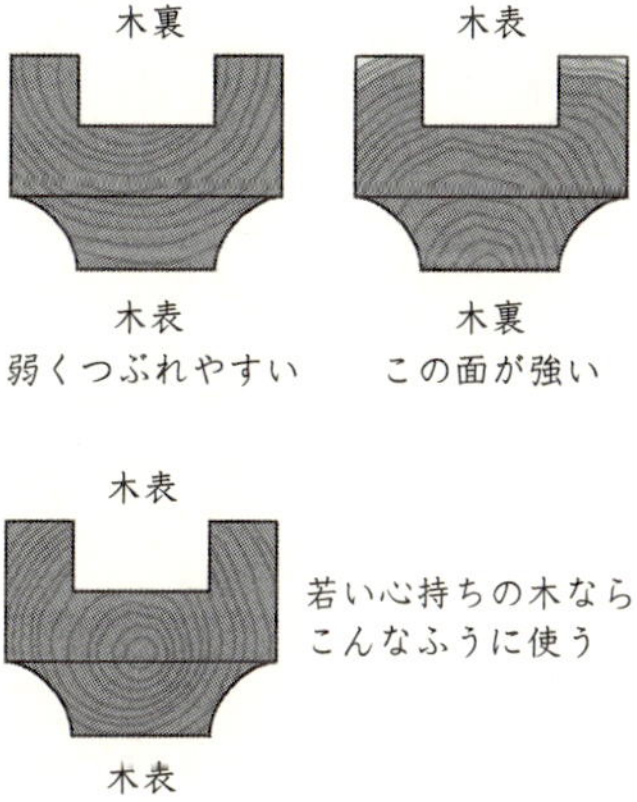
木裏
木表
木表
木裏
弱くつぶれやすい
この面が強い
木表
若い心持ちの木なら
こんなふうに使う
木表

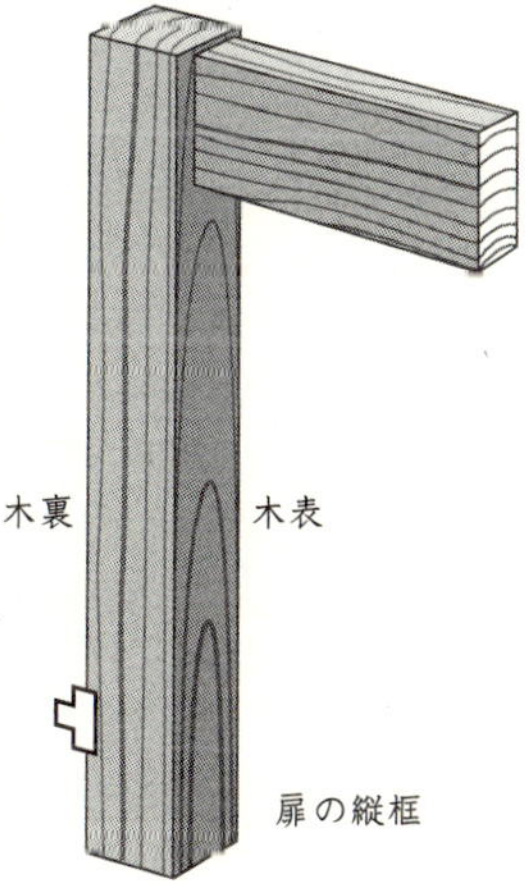
木裏
木表
扉の縦框

木表・木裏の使い方は家中にあります。廊下などの床板は木表を上向きにして使いますし、天井は木表を下に、つまり人間に見えるほうに木表を出します。錦帯橋《きんたいきょう》の敷板も木表を上に張ってありました。棟梁《とうりょう》に「なぜか」と聞きましたら、「見た目がきれいなことと、木裏を外側にすれば、たくさんの人に踏まれると木目《もくめ》が立ち、剝《は》げてくるからです」といっていました。

ところが能《のう》の舞台は木裏を上に張ります。すり足で歩くために、木表に並べると、かすかに板の端が持ち上がって歩きにくいことや、木裏が上だと床が凸《とつ》になるので足踏みの音を響かせることができるということや、木表の舞台では床が光りすぎるということなどがあるそうです。板を張ることひとつでも、こうして木のさまざまな性質を考慮してなされているのです。

木裏は木目が立つという話をしましたが、木表と木裏では触った感じがまるで違います。木表ではすべらかで、木裏では木の目が立って、がさがさした感じがします。そのため下駄《げた》をつくる職人は、足の裏が当たる部分に木表がくるように木を選びます。

## 鉋の話

木表・木裏では、鉋《かんな》をかける方向も違います。木表では「末《すえ》（木が生きていたときに梢《こずえ》に近いほう）から元《もと》（根元に近い側）にかけて」かけます。木裏は「元から末に向かって」かけます。これを反対にしますと、毛羽《けば》が立って美しく仕上がらないのです。これはナイフで削るときでも同じです。一度試してみるとよくわかります。

木表・木裏は鉋などの道具をつくるときにも利用されています。鉋の台は硬いカシの木でできています。鉋は板や柱の表面を美しく削る道具ですから、すべりやすくなければ困ります。そのために木と接する面は木表がくるように鉋の台をつくります。鉋の台の木と触れる部分を「台下端《だいしたば》」といいます。

鉋をかけるには方向があると話しましたが、この原理は鉋の台をつくるときにも考えられています。図のように鉋の台を真横から見たときに木目の流れにします。こうすると鉋をかけるときに目が立たず軽くなります。

道具づくりでも、木を削ったり鉋をかけるという何げない作業でも、大工や舟《ふな》大工《だいく》、家具職人、指物師《さしものし》（箱や机などをつくる職人）たちはこうした性質を見ぬいて木を使っていました。そうしてこそ舟でも建物でも家具でも、丈夫で美しいものをつくることができたのです。

ところが見た目だけきれいで、値段が安ければいいというお客が多くなると、こうした木を生かして使う知恵は忘れられてしまいます。現在は電動の機械が発達し、木裏でも木表でも関係なく力で製材し、電動鉋で平《たい》らにすることができます。逆目《さかめ》だろうが毛羽が立とうが関係なく、板や柱にできるのです。ところが拡大鏡などでよく見ますと、毛羽は出ています。強引なやり方でも、ちょっと見た目には平らに削ったようにはできますが、本当に平《たい》らにはできないのです。こうした板や木をそのまま外の雨の当たるところに使えば、毛羽から雨が浸《し》み込《こ》み、

台鉋

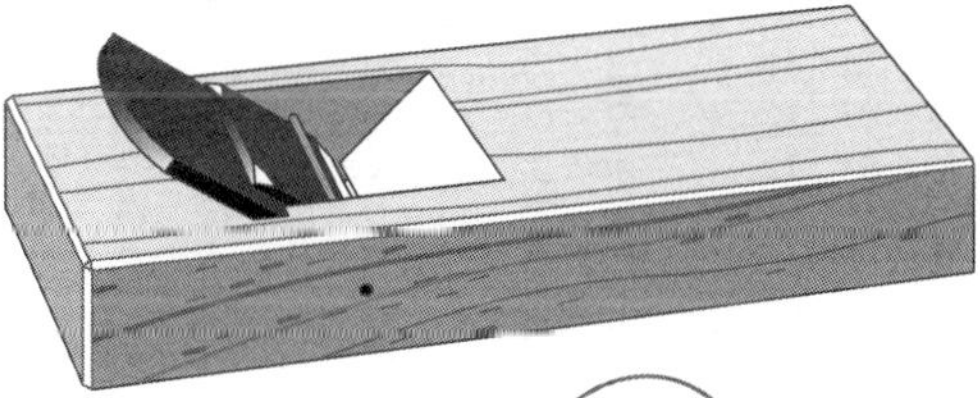

木表（台下端）

カビが生《は》え、腐りだします。長い時間や自然はごまかせません。電動の道具を使うようになっても、木の性質を見ぬく力は必要なのです。

柾目《まさめ》、板目《いため》、縦木取《たてぎど》り、横木取《よこぎど》りなどは何も新しい知恵や知識ではなく、法隆《ほうりゆう》寺創建《じそうけん》よりずっと前、弥生時代には、すでに知られていました。鳥取県の青谷上《あおやかみ》寺地遺跡《じちいせき》から発掘されたくり貫《ぬ》きの桶《おけ》は縦木取りでつくってありましたし、高坏《たかつき》(台のついた皿)などは横木取りでつくられていました。ここからは鉄製の道具がたくさん発見されていますから、それを使ってつくったのでしょう。

こうした、道具がまだ未発達で、少なかった時代には、木の性質をよく見ぬいてそれを生かしていたのに、電動の便利な道具が出てくるにしたがって、そうした知恵を忘れてしまったというのは皮肉な話です。

木を生かすには手間がかかります。木を一本一本違うものとして扱い、それぞれのよさを見出し、組み合わせる必要があるからです。木は一本だけでは自分の力を発揮できません。ただ癖《くせ》のある木だというだけです。その癖を生かすためには使う場所や組み合わせをよく考えることが必要です。

木をこういうふうに個性のあるものと考えずに、木はみんな同じものとして考え、設計図や図面にしたがって寸法だけ合わせてつくれば、舟も家も形だけなら簡単にできます。しかし、この考えでは丈夫で長持ちするものはできません。ひどい組み合わせをさせられた木同士は弱め合うことだってあるのです。それでもいいという考えが広まれば、木をじょうずに使おうという文化が消えていきます。

木一本一本をうまく使おうという考え方は、木を扱うときだけのものではありません。それは自然がさまざまなものの組み合わせでできていることを考えるときに忘れてはならない大切なことです。癖を生かす、個性を生かす、生かす場所をさがす、これがこの世に生まれてきたものを大事にする考え方です。

せっかく寿命があるのに使い捨てる。使いづらいから使わずに捨てる。こういう考えは傲慢《ごうまん》で横暴《おうぼう》ですし、さきゆきを考えない愚かな発想としかいいようがありません。

# 経木

今は日常生活ではあまり見られなくなりましたが、かつては「経木《きょうぎ》」という、木を紙のように薄く削ったものが使われていました。紙が少なく高価な時代は紙の代わりに、これに経文《きょうもん》を書いたので「経木」という名前で呼ばれたのだそうです。

昭和二十二（一九四七）年生まれの私が子供のころは、お菓子でもお魚でも買い物に行けば、経木に包んでくれたものでした。今のビニール袋やプラスチックの箱の代わりに経木を使っていたのです。駅のお弁当も納豆の容れものも厚さの異なった経木でした。

松やシナノキ（後で布に織る話に出てくる木です）、ドロノキ、エゾマツ、ヒバ、

経木を使った弁当箱。おにぎりや菓子、肉などを包むのに使った

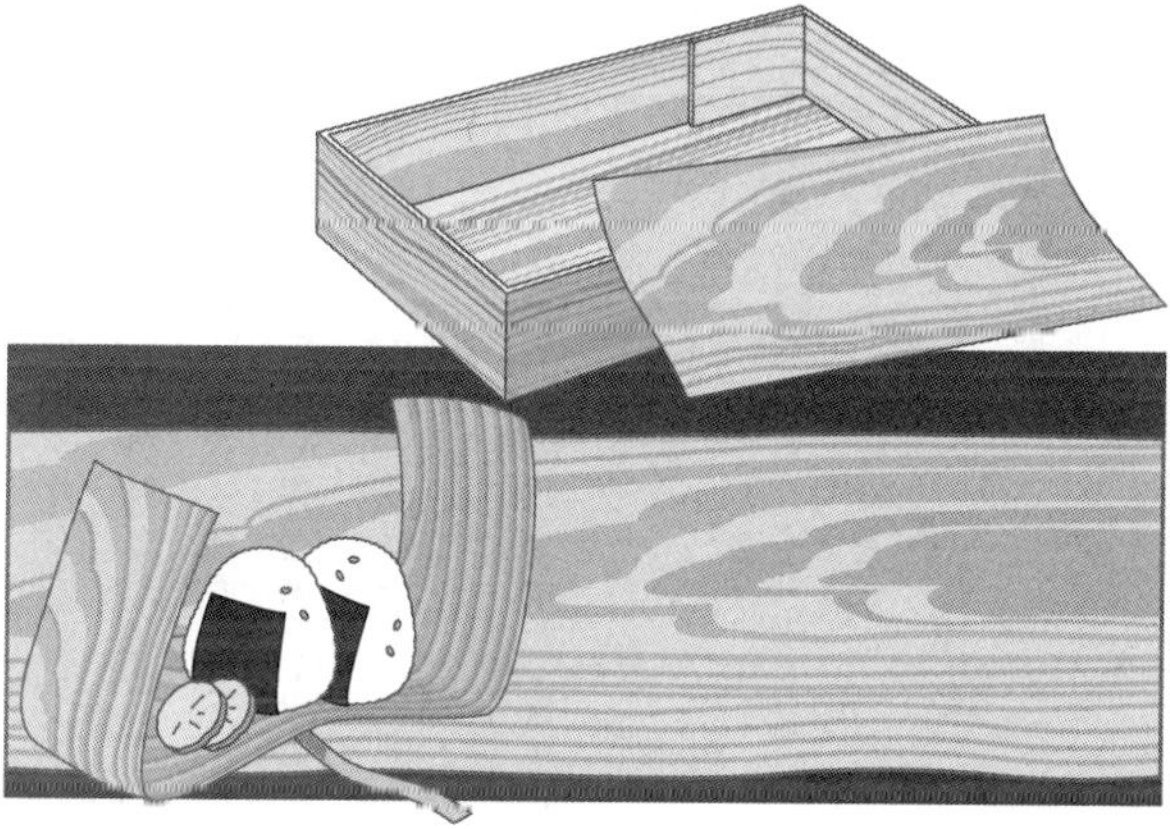

ハリギリ、コシアブラ、ケヤキ、サワグルミなどの木を鉋《かんな》やセンという道具で削ってつくりました。後の時代は電動の機械でつくりました。

　これらの素材は使い捨てても時間がたてば腐って土にかえります。最近は山や川、海辺などにたくさんのビニール袋や弁当のから、プラスチック容器などが捨てられていますが、これらの多くは時間がたっても土にかえることはなく、焼却すれば有害物質を吐き出します。木はじょうずに使いまわせば尽きることはありませんが、石油製品はいずれ資源が枯渇《こかつ》します。こうしたことを考え、ふたたび経木の復活がいわれはじめました。よく考えてからビニールやプラスチックを導入すればよかったのにと思いますが、こうした失敗も、実際にやってみてわかったことです。たとえマイナスの経験でも、やってみて初めて知識になり、知恵を生み出しますから、大事にしなくてはなりません。

　今でも経木を薄いひも状にしたもので笠《かさ》や帽子をつくっていますし、樹皮《じゅひ》を張る茶筒の心材《しんざい》として使われています。

## 背割り

木材は建物に使われてからでも、雨が降ったときや、梅雨の時期などのように湿気が多いときには膨《ふく》らみ、乾くと縮む伸縮性があります。鉋《かんな》の台のような十分に乾燥させたカシの木でも、湿気があるとゆがみが生じます。鉋の台が曲がっていたのでは、真《ま》っ平《たい》らな板は削れません。そこで大工さんたちは鉋の台を平らにすることから始めます。

こんなですから、心持《しんも》ち材（心を持った柱や板）は、乾燥が進むと内と外の収縮率が違うため外側にひび割れを起こします。ひびの原因は前にも話しましたが、白太《しらた》は水分を多く含んでいますし、細胞もまだ軟らかいので伸び縮みが激しいため、心材との差がひびや割れとなって出てくるのです。

心を持った柱などは必ず割れが生じるとはわかっていても、使わなければならないことがあります。大きな木が豊富にあれば、一本の木から二本、三本、四本もの心を除いた柱を取ることができるのですが、そういう大きな木はなかなかありません。また心を持った柱が悪いわけではないのです。心を持った柱は割れやすいという欠点もありますが、一本の木をそのまま使うのですから丈夫さもあるのです。

しかし、せっかくの柱や梁《はり》が建ててからひびが入ったのでは見苦しいものです。そのため、心持ち材を柱などにする場合は、ひび割れが出ないように、あらかじめ木材の中心まで、切れ目を入れておきます。割れる前に割っておくのです。割り込みを入れておけば、その部分で柱全体の伸縮を調節することができるからです。このように中心まで入れた切れ目を「背割《せわ》り」といいます。背割りは見えないように入れてあります。背割りさえしておけば、柱や梁などに見苦しい割れが生じる心配がなくなります。背割りは真四角の柱だけではなく、神社などに使われる円い柱にも施されています。

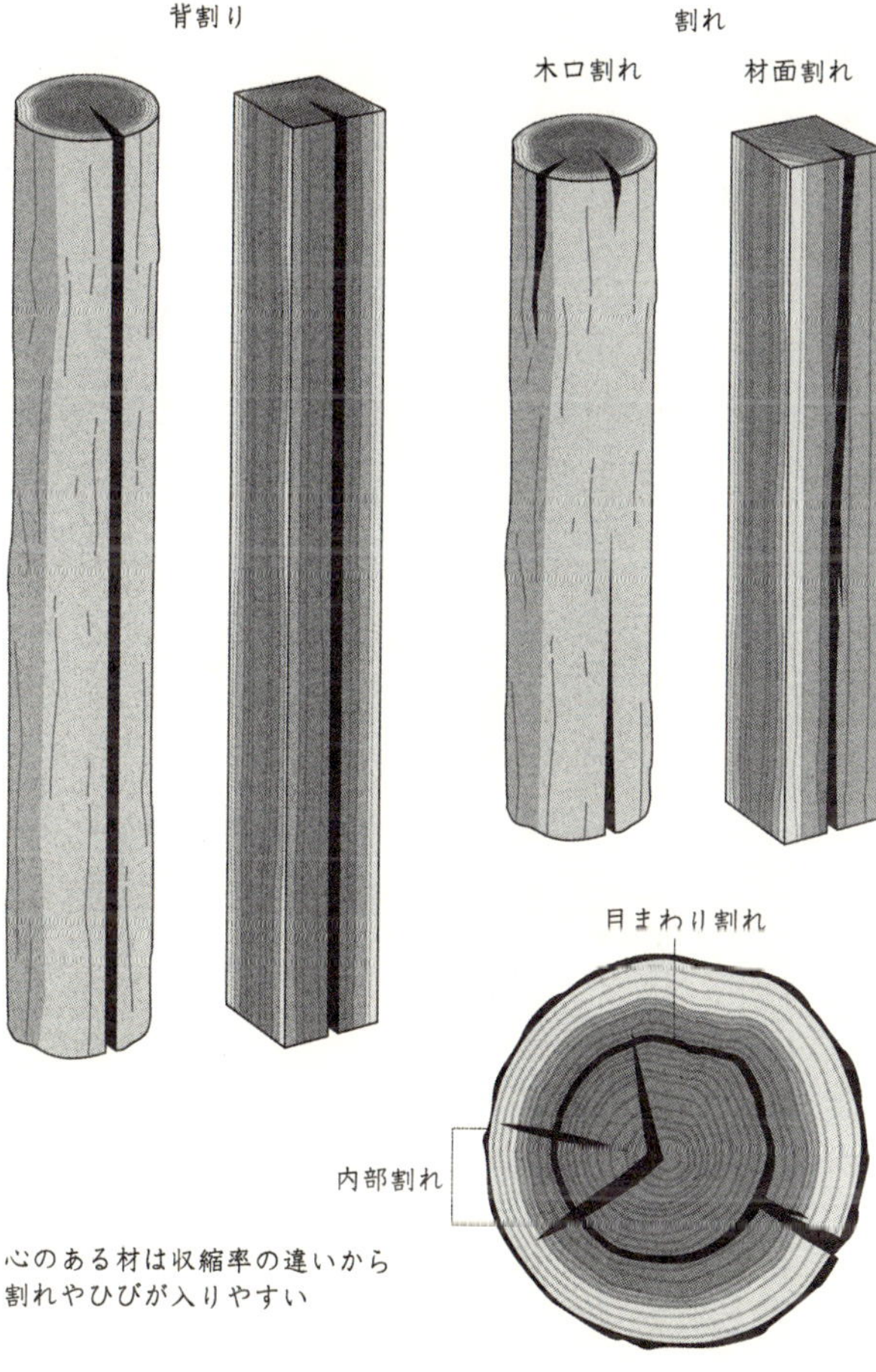
背割り
割れ
木口割れ
材面割れ
目まわり割れ
内部割れ
心のある材は収縮率の違いから
割れやひびが入りやすい

いずれ割れたり、ひびが入るだろうことがわかっているので、被害をなるべく小さくし、丈夫さを保《たも》ったまま、さらにはできるだけ美しく見せようというのが「背割り」という技法です。

## 背割り

家や寺院などの建物であれば、心《しん》のある柱や梁《はり》、桁《けた》などを背割《せわ》りして、みにくいひび割れを防ぐことができますが、置物や仏像などのようなものではそういうわけにはいきません。できるだけひびや割れのない姿で鑑賞してもらいたいし、信仰の対象になってほしいものだと考えます。

しかし、仏像でも心のある材を使えば、よほどじょうずに乾燥させたものでないかぎりひびや割れが入ります。心とそれ以外のところでは収縮率が違うのですからしかたがないのです。そこで仏様を彫る仏師《ぶつし》たちは「背刳り《せぐり》」「内刳り《うちぐり》」という方法を用いました。目立たない背中の一部から像の中を刳り貫《ぬ》いてしまうのです。こうしますと心の部分が取り除かれますので、割れやひび、が入りづらくなります。背割りの方法の応用です。

そうはいっても背刳りは鑿《のみ》で木の中を彫り貫くのですから、なかなかしにくい仕事です。それで、一本の木から彫った像を前と後ろの真ん中から二つに割って刳り貫く方法が考えられました。これを「割り接《は》ぎづくり」といいます。これがさらに進化した方法に寄せ木づくりがあります。最初からいくつかの木を接《は》ぎ合わせて接着剤でとめて、彫り上げるのです。この方法だと、どんな大きなものをもつくることができますし、割れの心配は要りません。仏師のところで三メートルを超える仏様をつくるのを見たことがありますが、それはたくさんの木を集めてつくったもので、中は空洞になっていました。

ちなみにこんな大きなものをつくるのにはどうするのかと聞きましたら、小さな模型を同じように木を組み合わせてつくり、それをばらばらにほどいて、規定の寸法の大きさに拡大して部材をつくって組み合わせるのだそうです。

東大寺《とうだいじ》の門に立つ仁王像《におうぞう》なども木を組み合わせてつくってあります。木の性質を知って、心を持った木が割れるなら割れない像をどうやってつくるかを考え、木の張り合わせ方や並べ方を研究して大きな像をつくりあげてきたのです。組み合わせには木表、木裏のことも十分に考えられています。

## 水中貯木

乾燥のときに、赤身《あかみ》と白太《しらた》では収縮率が異なるため割れやひびが生じますが、山から運び出した木は乾燥させてからでなくては使えません。そうでなければ、前に話しましたように建物になってから大きな狂いが生じてくるからです。

しかし、丸太のまま乾燥させたのではひびが出る。山や外国から木を買ってきて大工さんの注文に応えて材を送り出す製材所にとって、この問題は大きな悩みです。この悩みは昔からありました。そして考え出されたのが、水中に水を入れておくことでした。貯木場《ちょぼくじょう》ではたくさんの木が水の中に入っています。中には沈んでいるものもあります。製材所の人は「こうしておけば、心材《しんざい》と辺材《へんざい》の乾燥の差が出ずにひび割れがしないんです。そしてケヤキや檜《ひのき》でも五年ほどこうしておくと白太は腐って赤身だけになります。残った赤身も内と外は同じ環境ですのでひび割れしませんし、いざ乾燥させるときに外に積んでおいたものよりも乾燥が早いんです」といっていました。

水の中に長い間漬《つ》けておいた木は乾燥が早いというのは不思議です。どうしてかと聞きましたら、

「自分たちは経験からしかわからないが、確かに早く乾燥します。研究者がいうには木の中の樹脂が液体から粒になり、そのために水が乾燥のときに出やすくなるのだとか。水中で菌の働きで細胞が壊れ、水が出やすくなるのだという人もいます。ひび割れせず、乾燥が早いというのは本当です」

といっていました。

こうした木を使っている宮大工《みやだいく》さんに聞きましたら、つぎのように話していました。

「水中に置いておいた木はいいですよ。色も穏やかで、香りも違います。檜なんかでも軟らかさが出ます。水が木の中にしみ込んでいないかって？　それはないですね。水の中に五年も入れておいた木を切って中を触ってみますと、ほわっと暖かいんですよ。不思議ですね。決して水は浸《し》みていませんし、むしろ水の中で乾いていると思いますね。木は不思議ですね」

ひび割れを防いで、乾燥を早くするために、さまざまなことが試され、実際に使われているのです。

# 竹の代わりにイタヤカエデを編む

身のまわりを見たときに、昔は手でつくられたさまざまな道具がありました。台所で使われた水や洗い物を入れる容器は木と竹でつくられた桶《おけ》でしたし、そばやうどんをゆでたときにすくうものも、竹で編んだ道具でした。今はほとんどがプラスチック製品に替わってしまいましたが、昔はざるや籠《かご》などたくさんのものが竹でつくられていました。竹は素材として欠かせぬものだったのです。刈った草を背負ってくる籠や買い物籠も竹を割《さ》いて編んだものでしたし、魚を捕るために使うう
けと呼ばれる仕掛けも竹を素材にしたものでした。

竹はそのまま丸ごと使うこともありますが、真っ直ぐに割ったり、いくつにも細く割くことができ、割いたものは細くしなやかで丈夫なことを牛かして編んで

使いました。

しかし、この便利な竹が自生しない地域もあります。自生とは栽培や移植など人間の手を借りずに自然に生《は》え、繁殖することです。私が生まれた秋田県の雪深い地域には、笹はありますが、竹は自生していません。こうした地域でも山菜を採ったときに入れる籠や捕った魚を入れる魚籠《びく》、買い物の籠、野菜や果物を盛る籠は必要です。また、箕《み》といって穀物の殻と身を選《え》りわける大事な道具がありますが、それも竹でつくってあります。遠くから竹を持ってきて籠を編む人もいましたが、簡単なものは竹の代用品を使いました。

雪深い秋田や山形の山間の村では、竹の代わりにイタヤカエデやヤマウルシの木を割いて竹のようにして使いました。イタヤカエデは名前の通りカエデの仲間です。ヤマウルシは触れるとかぶれるあの漆《うるし》の仲間です。どちらも里の山々に自生する木で、年輪に沿って竹のように真っ直ぐに細かく割ることができます。

使う木は山から伐《き》ってきます。長さは三尺五寸（約一メートル）、太さはだいたい一寸五分（約四・五センチ）ほどのものを素材にします。この長さは座って仕事をするときに扱いやすい大きさなのです。長いまま、木の裏（梢《こずえ》に近いほう）から鉈《なた》を入れ、ミカンを割るように八つに割ります。

イタヤ細工の職人は「木は裏から割る」といいます。地方や職業によって呼び方は違いますが、大工の多くは木の梢のほうを「末《すえ》」、イタヤ細工師は「裏《うら》」、熊野の舟大工《ふなだいく》は「先《さき》」、反対の根元側を「元《もと》」といっていました。イタヤ細工師が「木は裏から」というのは、梢側からくさびを入れなさい、そのほうが楽に割れますといっているのです。

日本には「木元竹裏」という言葉があります。

これは古くから伝えられてきた言葉で、木を割るときには「元」（根元側）から、竹を割るときには「裏」（梢側）から割るといいという意味です。しかし、さまざまな地方の木や竹に関係する職業の方に聞いてみましたが、必ずしもそうではないようです。

秋田県能代の桶屋さんは「末から割るよ。太い方から細い方には割らないもんだ」と言っていました。そして「竹も末からだ」と。九州の竹細工師も「竹は必ず裏からですよ。反対から割ると横割れしますからね」と言っていました。この方が使う竹は真竹《まだけ》でしたが、岩手の篠竹細工《しのだけざいく》のおばあさんは根元から割っていました。

宮大工《みやだいく》さんは「肌がきれいなのは末から割ったときだね」といいます。

このように言い伝えられてきた言葉も地方や職業、素材によって違うんですね。それだけ天然素材の特徴を、日本人は研究して、使ってきたといえるでしょう。

イタヤの話に戻ります。丸木を八つに割ると、長さが一メートルの、木口《こぐち》が三角形の細長いものができます。この三角形の三つの角を落とします。まず心《しん》の部分、ここは木の若いときの生育《せいいく》部分なので使いません。樹皮《じゅひ》に近い部分の二つの角は使えないことはないのですが、幅が揃っているほうが編みやすく、きれいなので、幅を揃えるために削ぎ落とします。こうして、木口がほぼ四角形の棒をつくります。この棒から年輪に沿った方向に薄くへいでいきます。厚い木から薄い帯状のものをつくることを「へぐ」といいます。

イタヤ細工の細い帯は厚さが一ミリ強です。もっと薄くすることもできますが、

イタヤ細工の材料のつくり方

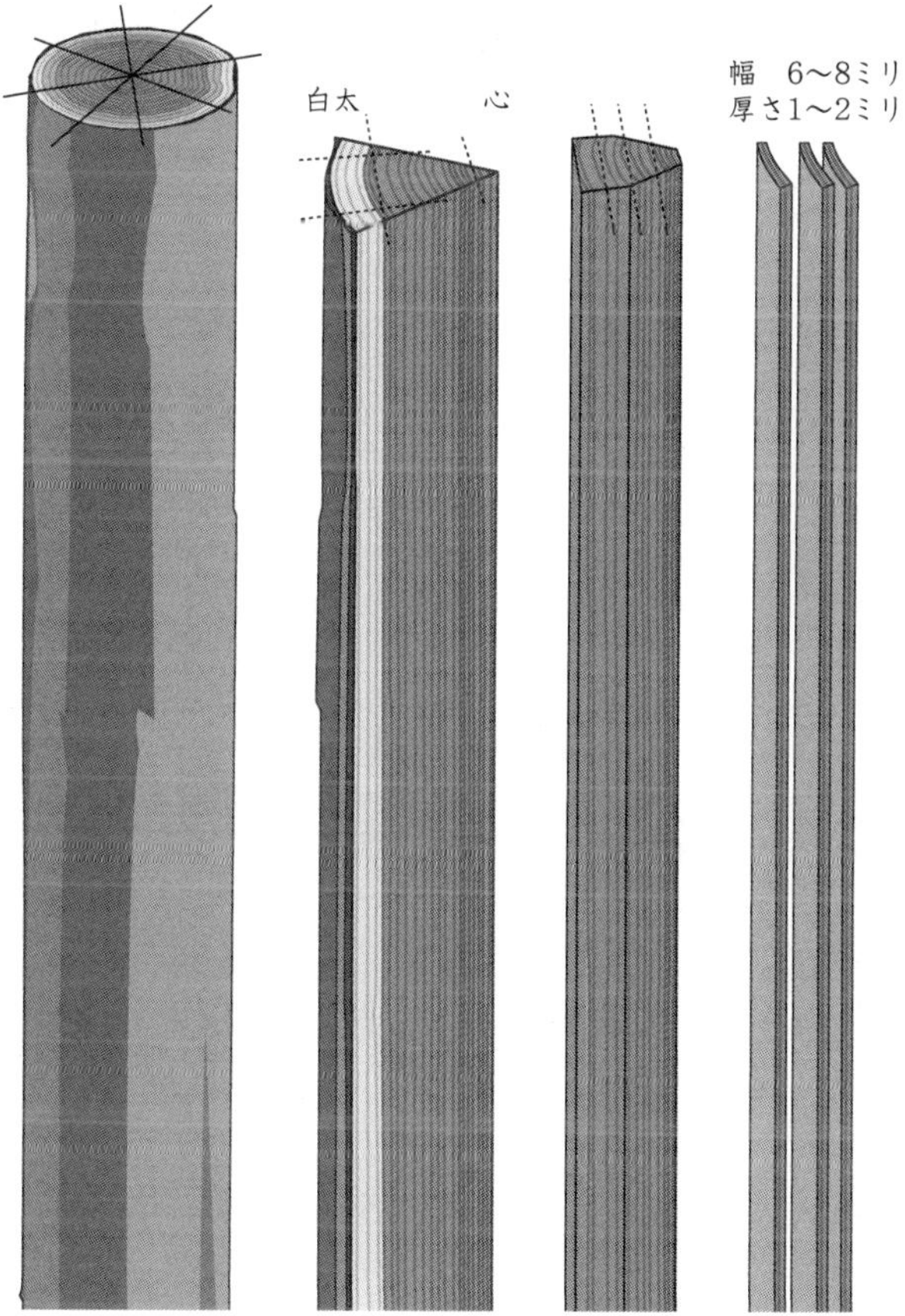

できあがったものの強度を考えると、このあたりの厚さがいいのです。

この厚さまで薄くしますと、熱湯を使うことなく自在に曲がり、しない、編むことができます。

これはイタヤカエデやヤマウルシが年輪に沿って剝《は》ぐことができる性質と、へいだものが柔軟で丈夫なことを利用した知恵といえます。

## 樹液の話

木は木材としてだけではなく、ほかにもさまざまな特性を生かして利用されてきました。そのいくつかを紹介しましょう。

まずは樹液です。

木は生きものですから、根から養分や水分を吸い上げてすみずみにまで運びます。また日光を受け、木の葉で炭酸同化作用をおこなって養分をつくり、それを生長のかてにします。木の中には、私たち人間の体に血管やリンパ管などがあるように、こうした一定のはたらきをする管があります。この管には私たちがけがをしたときに体が治そうとして血を固め、かさをつくったりするように、傷や折れ口を治そうとするはたらきもあります。

　しかし、日本のように四季のある国では多くの木は、一年中、ずっとはたらき続けているわけではありません。冬の間は葉を落としたり、休眠するものがほとんどです。秋の紅葉《こうよう》や落葉《らくよう》はその準備です。冬の間、木は活動が不活発になります。葉がなくなった木は光合成をしませんし、根も水を吸い上げず、それを各部署に送りもしません。休眠しているのです。

　春を迎えると、木は葉を伸ばす準備をしたり、花を咲かせるために樹液を活発に活動させます。

　メイプルシロップをご存じですよね。パンケーキにかけるあの甘い液体です。あれはシュガーメイプル（砂糖カエデ）という木の樹液を集めて煮詰めてつくったものです。竹の代わりに薄くへいで籠《かご》を編む話に出てきたイタヤカエデもその仲間です。イタヤカエデの樹液もかすかですが、甘いのです。そのことを鳥たちはよく知っています。冬の森で、枝の折れ口からしみ出た樹液が固まってできた小さな氷柱《つらら》に、鳥がやってきてその汁をなめているのを見ることがあります。

樹液は冬の終わりから動きだします。『大草原の小さな家』という読物のシリーズのなかに、雪のなかで樹液を集めて煮詰めるシーンが出てきます。木が動きだすのを待って樹液を集めるのです。

樹液が通る道は樹皮《じゅひ》のすぐ下にありますので、木に穴を開け、パイプを差し込んで片側にバケツを置いておけば樹液が集まります。

木の種類や時期にもよりますが、サルナシやヤマブドウのようなつる性《せい》のものは、桜の咲くころにやってみましたら、一時間で二リットルのペットボトルがいっぱいになるほど出てきました。ダケカンバも一晩で二・五リットルの樹液が溜《た》まりました。かなりの量の液が樹木のなかをまわっているのです。なめてみますと、それぞれ独特の味がします。

樹液は人間だけではなく、虫たちも利用しています。夏の雑木林では、クヌギやコナラなどの木からしみ出た液が発酵して、甘酸っぱい匂いを発しています。カブトムシやクワガタ、ハチやチョウ、カナブンなどはこの樹液に集まってきます。

## 漆搔き

木は生きものですから、自分の体に傷がつくとそれを治そうとします。桜や松は樹液をにじみ出させて、やがてそれは固まります。木の幹《みき》をよく観察すると、少し色のついた樹液を見ることができます。松の場合は「松ヤニ」と呼ばれます。ゴムの木からにじみ出た液は「ゴム」になります。どれも樹皮《じゆひ》を傷つけて、木がその傷を治そうとして出す樹液を集めたものです。チューインガムはゴムの木の一種であるサポディラの樹液のチクルを材料に使っています。

お椀やお盆など、漆《うるし》を塗ったものを漆器《しっき》といいますが、漆液《うるしえき》も漆の木の樹液です。漆は中国原産《げんさん》の木ですが、樹液が漆器として重宝されたことから、たくさんの漆の木を植えて樹液を取るようになりました。

樹液を採集するのは六月ごろから十月ごろまでです。漆の樹液を集める人を「漆掻き職人《うるしかき》」といいますが、一本一本の漆の木に傷をつけ、一回に耳かき一杯ぐらいの量をすくって集めていきます。

仕事の手順は、一番外側の樹皮を荒皮《あらかわ》といいますが、まずこれを「鎌《かま》」という道具で削り取ります。つぎに「カンナ」という道具で溝を彫り、「へら」で漆液を掻き取ります。掻き集めた漆を入れる漆壺《うるしつぼ》には通常三百五十匁《もんめ》(昔の重さの単位。一匁は三・七五グラム)、約一・三キログラム入ります。これだけの量を集めるのに、一日百本の木を一本につき三回まわります。ざっと計算しても一回で掻き集める量はたったの四・三グラムでしかありません。直径が八から一〇センチの漆の木から一シーズンで一六〇グラムぐらい取ります。もちろん雨が多かっ

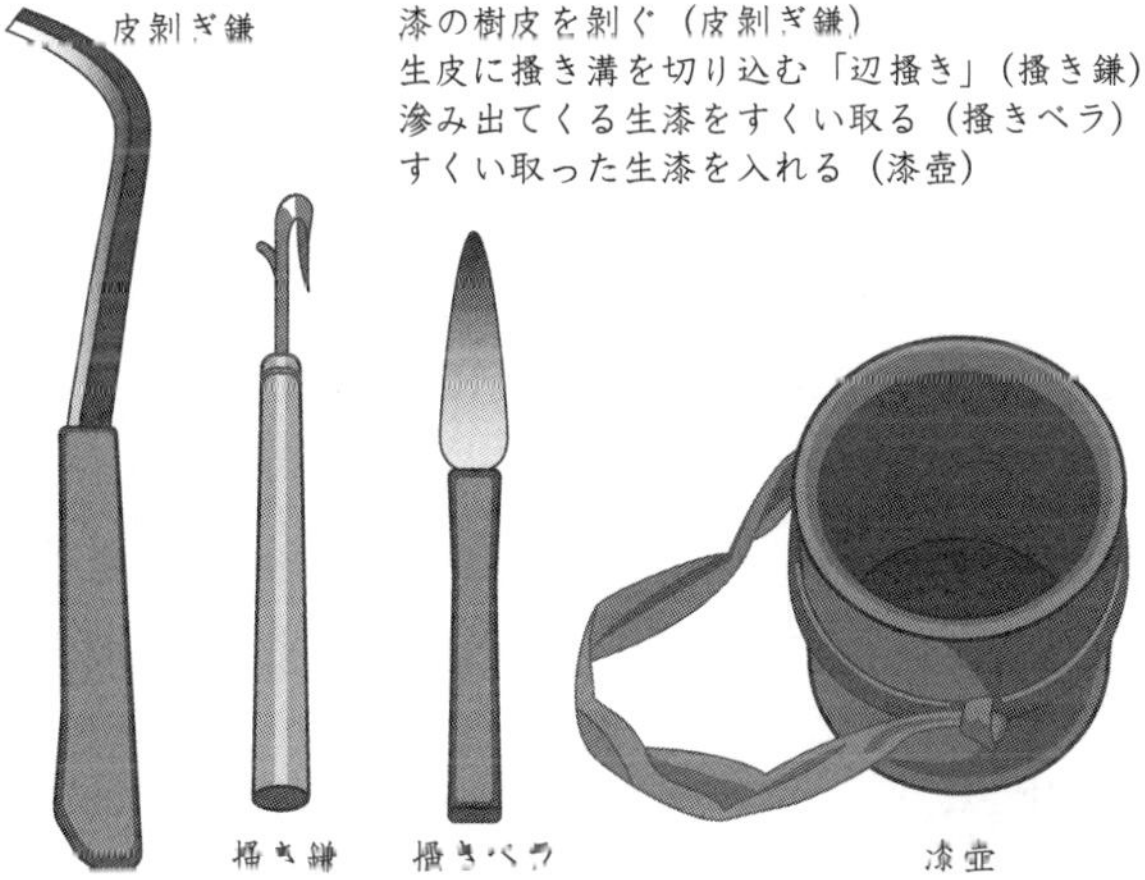
皮剝ぎ鎌
漆の樹皮を剝ぐ（皮剝ぎ鎌）
生皮に掻き溝を切り込む「辺掻き」（掻き鎌）
滲み出てくる生漆をすくい取る（掻きベラ）
すくい取った生漆を入れる（漆壺）
掻き鎌
掻きベラ
漆壺

たりするなど、天候しだいでにじみ出る量は異なります。

漆の木は傷をつけられ、それを治そうとして樹液を出すのですが、それが何回にもなると、木も弱ってきます。漆掻き職人は、なんとか木を弱らせないように掻き取らなくてはなりません。ですから一日掻き取ると、だいたい四日間は休み、また傷をつけます。こうして六月から十月の末ごろまで採集を続けます。しかし木を休ませながら採集しても、漆はしだいに樹液を出せなくなります。そうすると、最後に木の表側だけにつけていた傷を裏にもつけて採集終わりとします。裏側まで傷をつけられた漆の木は死にます。

漆の掻き方には二通りの方法があります。

一つは今説明した、掻き取り出したその年で木を殺してしまう掻き方です。これを「殺《ころ》し掻《が》き」といいます。

もう一つは傷のつけ方を緩やかにし、裏掻きをしないで翌年も漆を掻くやり方です。これを「養生掻《ようじょうが》き」といいます。養生とは健康に気遣うことや病気を治すことをいいます。殺さずに取り続けるほうがいいように思いますが、養生掻きでは取れる量が少ないのです。そのため、現在日本で一番たくさんの漆を集めている岩手県浄法寺《じょうほうじ》では、ほとんどが殺し掻きです。

昔は養生掻きが主流でした。それは漆の採集はもちろんですが、ろうそくの材料にするために漆の実も採集したからです。和ろうそくの材料は主にハゼノキの実を使いますが、漆の実も使っていました。

幹《みき》に傷をつけられたり、体が弱った木は子孫を残そうとして、ふだんより多くの実をつけます。実のなかには種がありますから、そうやって子孫を残そうとするわけです。そのことを利用してたくさんの実を収穫しようとしました。そのためには養生掻きがよかったのです。今は和ろうそくの需要が少ないので、漆の実を採集しなくなりました。そのため養生掻きよりも漆の収穫量が多い殺し掻きが主になったのです。

樹液の利用も実の利用も、木の生きようとする力を人間は利用してきたのです。殺してしまった木は、漁師たちが網の「浮き」に使いました。漆の木は軽くやわらかなうえ水を吸収しない性質があるので浮きに適していたからです。でも、木を殺してしまっては元も子もないだろう、漆掻きの職業がなくなるんじゃないかと心配なさる方には、後ほどIII章で木をじょうずに育てる方法がありますので、そこで続きの話をします。

## 樹皮の利用

木の樹皮《じゅひ》というのは、木を風雨から守るために丈夫にできています。木は草とは違って何年にもわたって生長します。なかには千年を超えるものもあります。生長するのは前に話した白太《しらた》の一番外側の部分です。大きく白太のまわりを取り囲むように、薄く生長部分があります。翌年になれば、前の年に生長した部分は内側に残り、その外側が生長します。こうして古くなった部分は繊維《せんい》が連なり、繊維と繊維の間には細胞が埋まって丈夫な「木部《もくぶ》」となって、あの大きな木を支える役をしているのです。

その年の育つ部分を「形成層《けいせいそう》」といいますが、この外側に葉っぱでつくった栄養分を運ぶ管があります。そして、形成層の内側に根で吸い上げた水分を運ぶ管が集まった部分があります。

木は毎年《まいねん》大きくなりますので、人が太ったら洋服が着られなくなったり、無理に着ようとすると破けてしまうように、古い皮は縦に裂けたり、ぼろぼろになったりしながら、少しずつ内側から出てきた新しい皮に替わっていきます。

ヒメシャラやリョウブなどの木の場合は一番外側の皮が剝《は》げ落ちます。そして下から新しい皮が出てきます。ブナの場合は外側の皮はひび割れたりせずに、しだいに横に広がっていきます。そのため、山を訪れた人がいたずらで若木《わかぎ》に名前や日付などを彫り込むと、年がたつにしたがって横に広がっていきます。ブナ林を歩いているとそうした字を見かけます。同じように、熊の爪跡なども古いものは横に広がって大きく見えます。

木は上にも伸びますし、太りもしますが、樹皮に彫り込まれた落書きや爪跡は上に上がってはいかず、同じ高さにずっと残ります。木は根元から伸びるのではなく、先端部から伸びていくのです。

この一番外側の皮を「表皮《ひょうひ》」、内側の新しい部分を「内皮《うちかわ》」といいます。表皮は、たいていは硬く、ざらついています。内皮は軟らかでしっとりとした感じがします。

通常「樹皮」と呼ばれているのは、表皮から栄養分を運ぶ管までのことです。形成層の外側全部が樹皮です。

つまり樹皮には、たんに外の風雨から木を守るという役目だけではなく、栄養分を運ぶ役目もあるのです。

この樹皮を人間はじょうずに使ってきました。木の皮を剝いで屋根にしたり、樹皮に含まれている繊維から布を織ったり、木の皮で容器をつくったり、驚くほどの利用法を見つけてきました。

ここで大事なことは樹皮をすっかり剝いでしまえば、栄養を運ぶ管がなくなるので、木は枯れてしまうということです。実際に林を育てるときに不要な木を

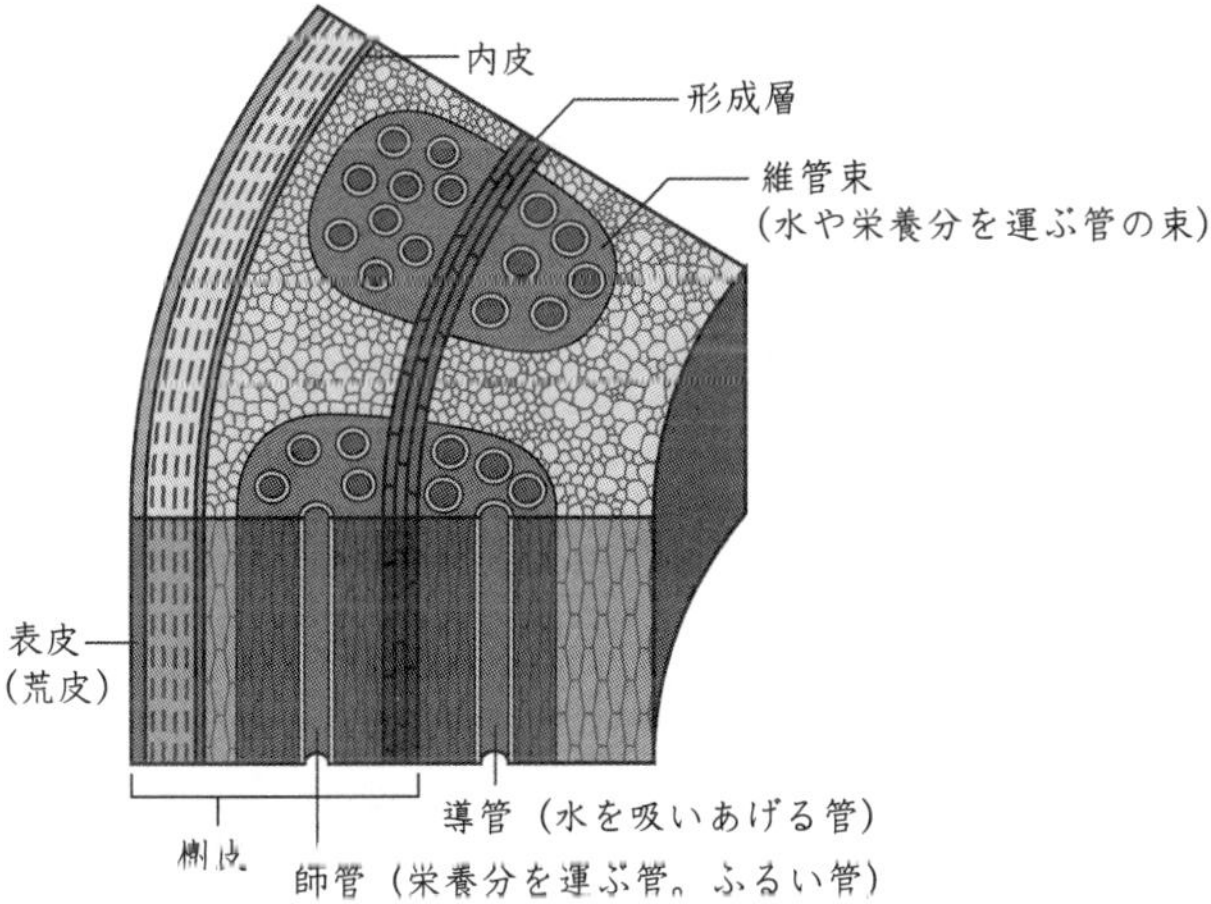
内皮
形成層
維管束
(水や栄養分を運ぶ管の束)
表皮
(荒皮)
導管 (水を吸いあげる管)
樹皮
師管 (栄養分を運ぶ管。ふるい管)

「立《た》ち枯《が》れ」で殺してしまうことがありますが、それは樹皮を大きな幅で剝がし取って、そのままにしておく方法です。

漆《うるし》の「殺《ころ》し掻《が》き」というのは、残しておいた裏側の皮も掻くことで、栄養分を運ぶ管まで切断して液を取る方法だったのです。

木の皮の利用法でも内皮の一番内側を残しておけば、養分を運ぶ管は守られますので木は枯れることはありません。そして新たに皮をつくりだします。

## つるの話

木が活発に水分を根から吸い上げ、それを運び、木の葉で日の光を浴びてデンプンなどの栄養分をつくりだすようになると、木はいきいきとしてきます。漆《うるし》やメイプルシロップなどの樹液の採集は、この時期を見計らっておこなわれます。

木が動きだすころに採集するのは樹液ばかりではありません。樹皮《じゅひ》を剝《は》がすのもこのころです。

ヤマブドウの樹皮でつくった工芸品は、このごろは高級品になってしまいましたが、昔は山や畑へ持っていく弁当や仕事の道具を入れる籠《かご》をヤマブドウのつるで編んで日常に使ったものでした。ヤマブドウの樹皮は梅雨時の、ほんのわずかな時期にしか採集ができません。一番盛んに樹液が上がっているときしか剝ぐことができないのです。

専門にヤマブドウのつるの樹皮を取っている人がいうには、

「いい籠を編むためのいいヤマブドウの皮を剝がせるのは一年でたったの十日ほどだ」

とか。木の皮を剝ぐなんて一年中いつでもできそうな気がしますが、そうじゃないんですね。

試しにその時期以外ならどうなるのかと聞きましたら、

「木が動いていれば剝げないことはないが、樹皮に傷がついたり、いいことはない。秋や冬、春早くの木が休んでいるときには、どんなに頑張っても剝ぐことはできないよ」

という返事でした。

ブドウつる細工に使うのは一番外側の表皮ではありません。その内側の皮からつるの木部《もくぶ》（ヤマブドウは草ではなく木の仲間なので皮を剝ぐと硬い木部がありま す）までです。この皮を剝ぐと木は死んでしまいますが、ブドウつるの採集者たちは全滅しないように工夫して皮を剝ぎます。全滅させてしまっては自分たちも困りますからね。

そのため、見つけたヤマブドウのつるは、何でもかんでも取るわけではなく、皮が剝げないと思ったものはそのまま残し、花を咲かせ、実をつけさせて、子孫を増やさせるのです。

また細く若いつるは残しておきます。大きくなってから剝げばいいのです。

ヤマブドウの樹皮を剝ぐのに一番いいのは、採集者たちは「ヤマブドウの木が花をつけるころ」といいます。この時期は根から吸い上げる水の量も多く、つるを切断すると、あふれるほどに液が吹き出てきます。昔、山で修行をした修験《しゅげん》といわれる人たちは、喉が渇くとヤマブドウのつるを切って、この水を飲んだそうです。ちょっと甘みがありますが、かすかに木の香りがし、喉を刺激します。

この一番いい時期に採集したヤマブドウの樹皮は保存がききます。もちろん長く置いておくと水分がなくなって硬くなりますが、細工をする前に水に浸しておくと、元のように軟らかに戻ります。

山に入るとよく見かけますが、ヤマブドウは大きな木にからみついて、ずっと上まで這《は》いのぼっています。ヤマノドウもできるだけ高いところに這いのぼって、日光をほかの植物よりたくさん浴びたいのです。

つるを切ったり樹皮を剝がすことはヤマブドウを枯らすことになりますが、一方ではつるを取り払うことでからまれた木が順調に伸びるのを助けるという役目も果たしています。ヤマブドウの実を狙う鳥や獣から見たら迷惑な話ですが、山の木を育てる人からはありがたいことなのです。複雑な話ですね。

## 木の布

ヤマブドウのほかにもサルナシやマタタビなどのつるの樹皮《じゅひ》も籠《かご》を編むのに使います。それらはなかなか丈夫で、使い込むとつやが出て、みごとな光沢を放つようになります。

つるではなく、大きな木の皮も剝《は》いで細かく割《さ》き、籠を編みました。ウリハダカエデやサワグルミなどの樹皮は大きく剝ぎ取ることができるので、よく利用されました。

それらの自生の木やつるの樹皮は採集してそのまま使いましたが、加工して使うものもあります。

シナノキという山に自生する木があります。マンダと呼ぶ地方もあります。この木の皮からは糸を取ります。

シナノキの樹皮剝ぎは、やはり梅雨に入った六月ごろです。木を根元から伐《き》り倒《たお》し、皮を丸ごと剝いでしまいます。ヤマブドウと同じですが、シナノキも時期が早過ぎても遅過ぎても、皮はスムーズには剝げません。

剝いだ皮は荒皮《あらかわ》（表皮）と内皮《うちかわ》にわけます。糸を取るためには内皮を使います。内皮は何枚もの繊維《せんい》の層からできているので、木灰《きばい》を入れた湯で煮ると薄く何枚にもわけることができます。シナ布《ふ》を織る人たちは、「千枚にも剝げる」といいます。その層をほぐして糸をつくるのです。

木の皮から糸を取り、布に織り上げる工程は、たいへん手の掛かるものです。シナノキの場合、木を伐る作業から二十二の段階を経《へ》て、やっと布に織り上がります。

ざっと工程を話しますと、剝いだ皮から荒皮を除き、内皮を水で洗い、灰で煮て、干し、薄く削ぎ、糸を取りだし、糸をさらに細く割き、取りだした糸を一本ずつ結び合わせて長い長い糸にします。こうしてできた糸を機織《はたお》り機にかけるために、縦糸用と横糸用にわけ、それぞれよりをかけ、そのあと織り機にかけて織るのです。

この作業を今も山形県・温海町《あつみ》（現鶴岡市）関川《せきかわ》の集落でやっていますが、梅雨時に伐った木の樹皮を剝ぐことからはじめ、ひと冬かけて一反《いったん》（布類の単位。シナ布の場合は幅三六センチ、長さ六〇メートルを一反という）の帯を織るのです。

## 自然とともに生きるカレンダー

木の皮を剝《は》ぐ季節は、さきほど話しましたように梅雨時の十日間ほどと決まっています。これればかりは人間の都合で変えることはできません。年によって少しずれることもあります。ですからこの集落では、樹皮を採るところから順に織り上げるまでの仕事を、農作業の間に組み込んでいます。布を織るだけが仕事ではなく、畑や田んぼでの農作業もあるからです。この農作業と布を織る作業がうまく組み合わされているのです。

関川《せきかわ》集落の一年のスケジュールを紹介してみましょう。

この地方は雪の多いところなので、春の雪解けを待って山に山菜を採りに行きます。山菜は季節の食料でもあります。フキノトウ、コゴミから始まり、季節が進むにつれ、モミジガサ、ミヤマイラクサ、フキ、ワラビと、採れるものが替わっていきます。そのまま湯がいたり調理して食卓に載せるものもあれば、保存食として乾燥させたり、塩漬けにするものもあります。このころには水も温《ぬる》くなりますので、田んぼのしたくを始めます。そして田植えを終えると、ゼンマイ、ネマガリタケなど最後の山菜が出はじめます。それらが終わるころに梅雨が始まります。男たちは山に入って選んでおいたシナノキを伐《き》り、皮を剝がします。

剝いだ皮は梅雨明けを待って干します。木の皮を剝ぐ日も、つぎの乾燥の時期に合わせます。合間に田んぼをまわり、草を取り、畑を耕します。

九月に入れば、糸を取るために皮を煮ます。煮るための焚《た》きつけはシナノキの荒皮や伐り倒した木の枝です。伐り倒した木はむだにはしません。

それが終われば稲刈り。稲刈りがすみ、田んぼのかたづけが終わるころ、雪が降ってきます。女の人たちは集まって糸をつくり、冬の間は機《はた》に向かって織物をするのです。

昔はシナノキのような糸の取りやすい木や草を探してきて布やロープをつくりました。

参考までに糸を取った植物をここにあげておきましょう。麻、カラムシ、フジ、葛《くず》、オヒョウ、アサダ、芭蕉《ばしよう》、イラクサなどがあります。わずかにですが、今でもこうした植物から糸を取り、布がつくられています。

こうした布は化学繊維《せんい》とは違った肌合いを持っていますし、後ほど話しますが、資源が枯渇《こかつ》する心配がなく、ふたたび自然にかえすことができるという特徴を持っています。

# 檜の樹皮は生きた木から

昔は、着るものも、食べものも、道具の素材もほとんどの生活物資を自然から得ていました。家を建てるにしても、柱や板などを木でつくるだけでなく、外側の壁や屋根にも樹皮《じゅひ》を使っていました。

私が生まれ育ったのは秋田県ですが、昭和三十年ごろまで、さきに話したこけら葺《ぶ》きや杉の樹皮で屋根を葺《ふ》いた家がありました。杉の外側の皮を屋根に並べて、めくりあがらないように上から細長い棒で押さえ、大きな石をいくつもおいた家がありました。

杉の木を建材《けんざい》や樽《たる》をつくるためにたくさん伐《き》り出していましたから、大量の杉皮が出ました。杉皮は脂分《あぶらぶん》を含んでいて水を通しにくく作業がしやすかったので、建材として目をつけたのでしょう。屋根に葺いたり、外側の腰板《こしいた》（外側の下の部分）に張った家もありました。茶室などにも、杉皮のなかでも銅色《あかがねいろ》のみごとなつやを持ったものが使われていました。

檜《ひのき》の皮も屋根に使われました。今でも古い神社や仏閣《ぶっかく》は昔のまま檜皮《ひわだ》で屋根が葺かれています。

これは檜の皮をただ並べただけではなく、ある大きさと厚さに加工したものを、竹の釘《くぎ》で屋根に打ちつけたものです。檜皮葺きはやわらかで、みごとな曲線を持った屋根です。国宝や重要文化財などの伝統的な建物には檜皮葺きのものが多くあります。大きな建物では、長野県の善光寺《ぜんこうじ》の屋根が大量の檜皮を使って葺いてあります。

檜皮葺きに使う檜の皮は、ほとんどが生きて立っている木から剝《は》がしたものです。

樹皮を剝がすと木は死んでしまうという話を前にしましたが、木にくっついている内皮《うちかわ》を残しておけば木は生きていけます。この皮を残して、じょうずに剝ぐ職人さんたちがいるのです。檜の皮は樹齢が七十年以上たった大きなものでなければ使いものになりません。それも一度皮を剝がし、さらに七年から十年たったものをあらためて剝がして使います。最初に剝がしたものは、手入れがされていませんので不揃いですから、軒《のき》や小さなところには使いますが、本格的に使えるのは、一度剝いだ後にあらためて出てきた皮です。樹齢八十年もの檜は高価なものです。傷をつけると檜は弱ってしまいますから、檜皮剝ぎの職人たちは実にたくみに、木でつくったへらで剝ぎ取ります。

「舟大工《ふなだいく》の秘伝」のところで、木殺しをしたとき、水が漏《も》らないように挟み込むマキハダの話をしましたが、マキハダは檜の内側の軟らかな繊維《せんい》のことです。昔の人は木をすみずみまでむだなく、じょうずに利用したものですね。

なぜ今これらの素材が使われなくなったのか不思議に思いますが、防火のために建物に使える材料には制約があり、こうしたものを屋根や腰板に使うためには特別な許可がいるのです。それを剝ぐ職人や使うことができる技術者がいなくなったということもあります。

# 竹の釘・木の釘

檜《ひのき》の皮やこけらを屋根に固定していく釘《くぎ》は鉄ではなく、竹を削ってつくった竹釘でした。昔は鉄釘が高価だったことや、鉄が雨に当たって錆《さ》び始めると、そこから傷《いた》みやすいということもあったでしょう。塩に当たって錆びやすい部分などにも竹釘を使っていました。竹が豊富にあり、それを煎《い》って脂《あぶら》をしみ出させて使うと硬く長持ちするという知恵があったのです。

竹の釘は、みなさんがご存じの洋釘《ようくぎ》（軸も頭も丸いもの）とは違って、頭はなく、先端が斜めに鋭く切りとられたもので、長さは一寸五分（約四・五センチ）から八分（約二・四センチ）ぐらいまで、さまざまな用途や注文に応じてつくられていました。

これらの竹釘は屋根用ばかりではありません。沖縄の「サバニ」という木造船づくりでは今も長い竹釘が使われていますし、家具などにも使われました。たんすや引き出しや棚など、さまざまなものに使われています。古い家具を壊すことがあったらよく見てみるといいですよ。竹だけではなく、ウツギや桜などの硬い素材の木の釘も使われています。

文化財の屋根の修理や葺《ふ》き替え（古くなった屋根を取り替えること）は、今でも昔と同じ方法でおこなわれていますが、この竹の釘をつくる職人さんは、私が知っている限りでは日本では一軒だけになってしまいました。

どんな竹でも太いものなら使えるのでしょうが、多いのは孟宗竹《もうそうちく》を素材にしたものです。釘には皮の部分は使いません。皮を剥《は》ぎ、節《ふし》を取り、順に割って板状になったものから竹ひごにし、それを寸法に切って乾燥します。天気のいい日に三日ほど乾燥して、釜《かま》で煎ってつくります。

こうしてつくった竹釘は丈夫で、屋根の檜皮《ひわだ》や柿《こけら》が傷《いた》んでも残っているそうです。百年、二百年はもつといいます。材料にする竹は若すぎては軟らかく、虫が

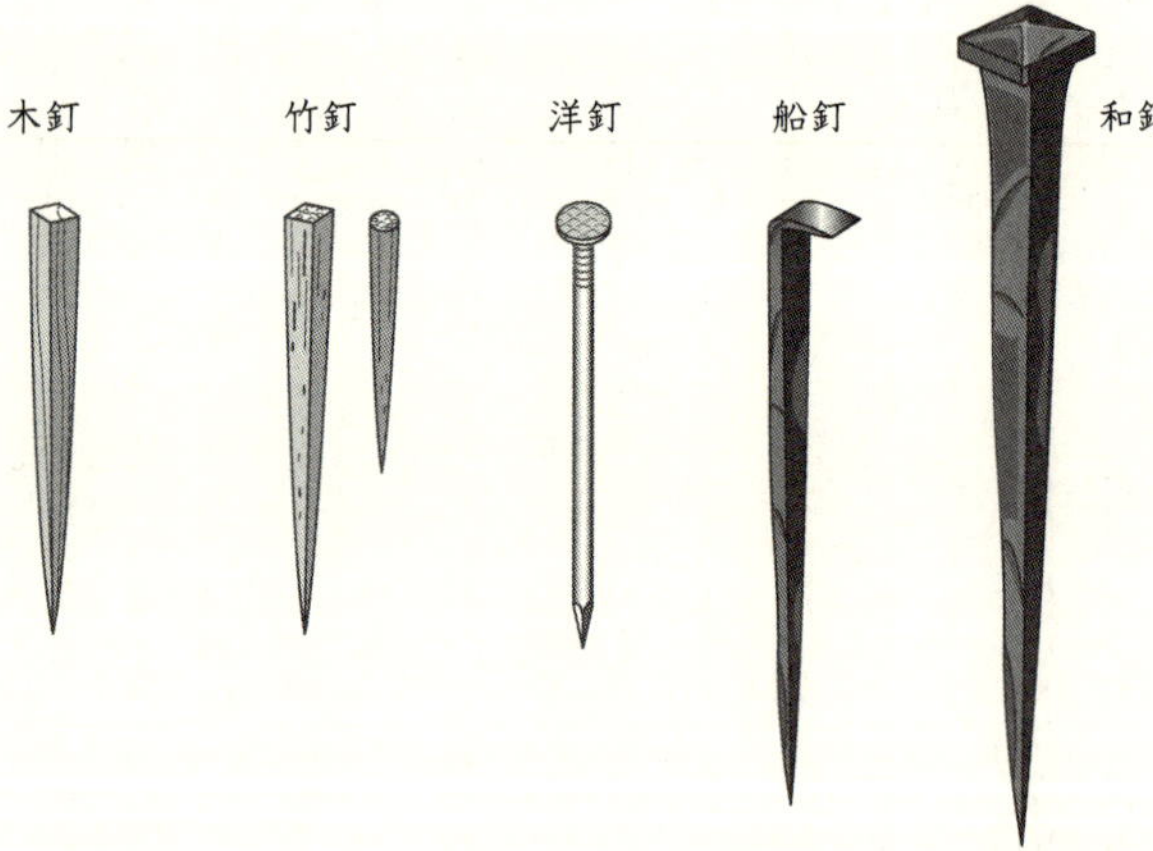
木釘
竹釘
洋釘
船釘
和釘

入りやすく、年を取り過ぎていては硬過ぎるので、七、八年生《ねんせい》の、寒いところで育ったものがいいといいます。

ふつうの家一軒つくるのに、現代では六万本ほどの鉄釘を使用するといいます。鉄釘を打ち込まれた木は解体された後のリサイクルに不便だというので、現在、新たに竹釘の利用法が考えられています。

これは釘を煎るのではなく、機械で圧力を掛けてプレスして強化する方法です。昔の知恵が見直されている一例です。

## 桜皮細工

木は雨の日も風の日も強い日差しのなかでも立っています。そのために樹皮《じゅひ》は雨風に当たっても大丈夫なように強い繊維《せんい》でできています。早くから人間は、樹皮の強さに気がついて利用してきました。しかし、どんな樹皮でも同じように使ったわけではなく、それぞれの木が持つ性質を観察し、その性質を生かして使ってきました。杉の皮や檜《ひのき》の樹皮は油脂が多く、水に強いので、屋根や外壁に使われているということを話しましたが、ほかにも樹皮の加工のしやすさを利用してさまざまなものがつくられています。

樹皮のなかには薄くてもろく、形の整わないものもありますが、簡単に曲がって折れず、水に強く、しっかりしているものがあります。また樹皮には樹種ごとに独特の紋様《もんよう》があり、荒皮《あらかわ》を剝《は》いで磨《みが》き上げるとつやが出てくるものがあります。

山桜の皮には、とくに強く光沢があります。

山桜の皮を「桜皮《かば》」と呼びますが、桜皮でつくった茶筒を見たことがあるでしょうか。これは美しさと丈夫さを利用して茶入れに使ったものです。ほかにも山桜の皮は使われました。

山仕事に持っていく鉈《なた》のケースをつくるには二枚の板を組み合わせました。その板と板を繋《つな》ぐ紐は山桜の皮でした。とても丈夫なうえ、美しかったからです。

曲げわっぱをつくるときにも、曲げた檜や杉の板が元へ戻らないよう固定するために山桜の皮を細く割《さ》いて使いました。

フィンランドやシベリアの人たちは白樺《しらかば》の樹皮を使ってランドセルや籠《かご》、蓋《ふた》つきの容器などをつくります。白樺の皮はしなやかなので、細く帯状に切ったものをリボンのように使って編み込んだり、大きく剝ぎ取った皮で筒をつくったりします。底と蓋を同じ白樺でつくった容器をイルクーツクの博物館で見たことがありますが、重なり合ったところをやはり白樺の皮を細く切ったもので縫ってありました。北米の先住民族は白樺の樹皮でカヌーをつくっていました。ナミビアのブッシュマン（本人たちはサン族と呼んでいます。人間という意味です）と呼ばれる人たちは狩りのときに使う弓矢を入れる筒を木の皮でつくっていました。世界中の人たちが早くから樹皮のこうした利用法に気がついていたのですね。

日本ではほかにもサワグルミという大きくなる木がありますが、この皮で漆搔《うるしか》きの人は漆液を入れる容器をつくりますし、岩手県の農家では箕《み》をつくったり、炭入れをつくりました。猟をするマタギの人たちは山に小屋がけをするときに、サワグルミの皮を大きく剝いで小屋の壁や屋根をつくります。ほとんどの木がそうですが、サワグルミもやはり皮が簡単に剝《む》けるのは木が活発に活動している時期です。

私が子供のころはオニグルミの木で塩入れをつくりました。細いクルミの木の枝で、小さな茶筒のようなものをつくるのです。切り落とした枝を金槌《かなづち》で軽くとんとんとまんべんなく叩き、樹皮をぐっとひねりますと、樹皮がそのままの形で抜けます。

これに蓋と底を、抜いた木の部分でつくります。スカンポが大きくなるころになると、子供たちはみんな自分でこれをつくって塩を入れて持って歩きました。そして遊んでいる途中に摘《つ》んだスカンポに塩をつけて食べたのです。おいしかったものです。

# 火つけの樺

木はもちろん焚《た》き木になります。しかし、マッチやライターなどの火をつける道具を持っていても、雪の日や雨の日にはなかなか火がつかないものです。晴れた日で、細い枝や焚きつけがあっても、新聞紙など、はじめに火が大きく広がる材料がなければ、焚き火はなかなか燃え上がらないのです。

そのために山で働く人たちや漁師たちは、火つけ用に特別なものを持っていました。それさえあれば、雨のなかでも雪のなかでも火をつけられる「便利な焚きつけ」です。その一つがシラカバやダケカンバの樹皮《じゅひ》でした。

シラカバやダケカンバの木は表皮が毛羽《けば》立って薄く剝《は》げます。それを集めてリュックサックに入れておきました。この樹皮を手でおおいながら火をつけますと、黒い煙を上げながら燃え上がります。そこに用意した細い枝を少しずつ加え、だんだん太い枝を燃やしていくのです。

猟師さんが吹雪《ふぶき》のなかで火をつけるのを見ていましたが、太い生の木を伐《き》り倒し、それを雪のなかに敷きつめて、その上に細い枝を積み上げ、なるべく隙間《すきま》が小さくなるように人間が乗って踏みつけ、その枝をザックから出したダケカンバの皮で燃やし上げ、またたくまに吹雪のなかで大きな焚き火をつくりあげてくれました。

クロベという脂分《あぶらぶん》の多い針葉樹があります。この木を細く割っても火がつきます。これをザックに入れている猟師さんもいました。麻縄《あさなわ》のロープを常時持っていて、いざというときにはこのロープをほぐして焚きつけにする人もいました。みんなそれぞれ便利なものを考えていたのです。

## 砥石の役目、ヤスリの役目

木の葉も意外なところに使われてきました。

ヤスリの代わりに使う葉があるのです。

桜の皮を張ってつくった茶筒やお盆、箱などの桜皮細工《かばざいく》は形が仕上がると、ムクノキ（椋《むく》の木）の葉で磨《みが》き上げます。ムクノキは関東より南の山に自生する、かなり大きくなる木です。エノキやニレの木の仲間で、秋には黒い実がなります。

この木の葉は表面がざらざらしているので、ヤスリの代わりに使いました。この葉は乾燥してもそのざらざらがなくならないので、長期間保存して使うことができたのです。

桜皮細工の仕事は、雪国の、秋田県の角館《かくのだて》で盛んにおこなわれていますが、昔、この町の桜皮細工問屋さんには関東の問屋さんから大量の乾燥したムクノキの葉が送られてきました。今は紙ヤスリや水ヤスリなどのきめの細かなヤスリが普及したので、ムクノキの葉を使わなくなったそうです。

もう少し目が粗《あら》く、木の肌を削ったり、刃物を研いだりするのに使ったのはトクサという草の茎です。トクサは六〇センチから一メートルほどで、ツクシを大きくしたような形をしています。もっと大きく、巨大にしたら恐竜映画に出てくる背の高い木々に似ているかもしれません。

トクサはシダの仲間で、茎の周囲に、縦に細い溝が連なっています。その溝は、縁《ふち》が鋭くざらざらとしています。この茎で爪をこすると、きれいに磨き上がります。それほど表面がざらざらしていて丈夫です。

トクサをたくさん採集してきて、茎に刃を入れて開き、板に何枚も貼りつけて、ヤスリとして木の肌や家具を磨くのに使いました。

ちなみに草の葉のなかには刃物のように鋭いものもあります。遊んでいてススキの葉で指を切ったことはありませんか。虫眼鏡で見ますとススキの葉の縁には

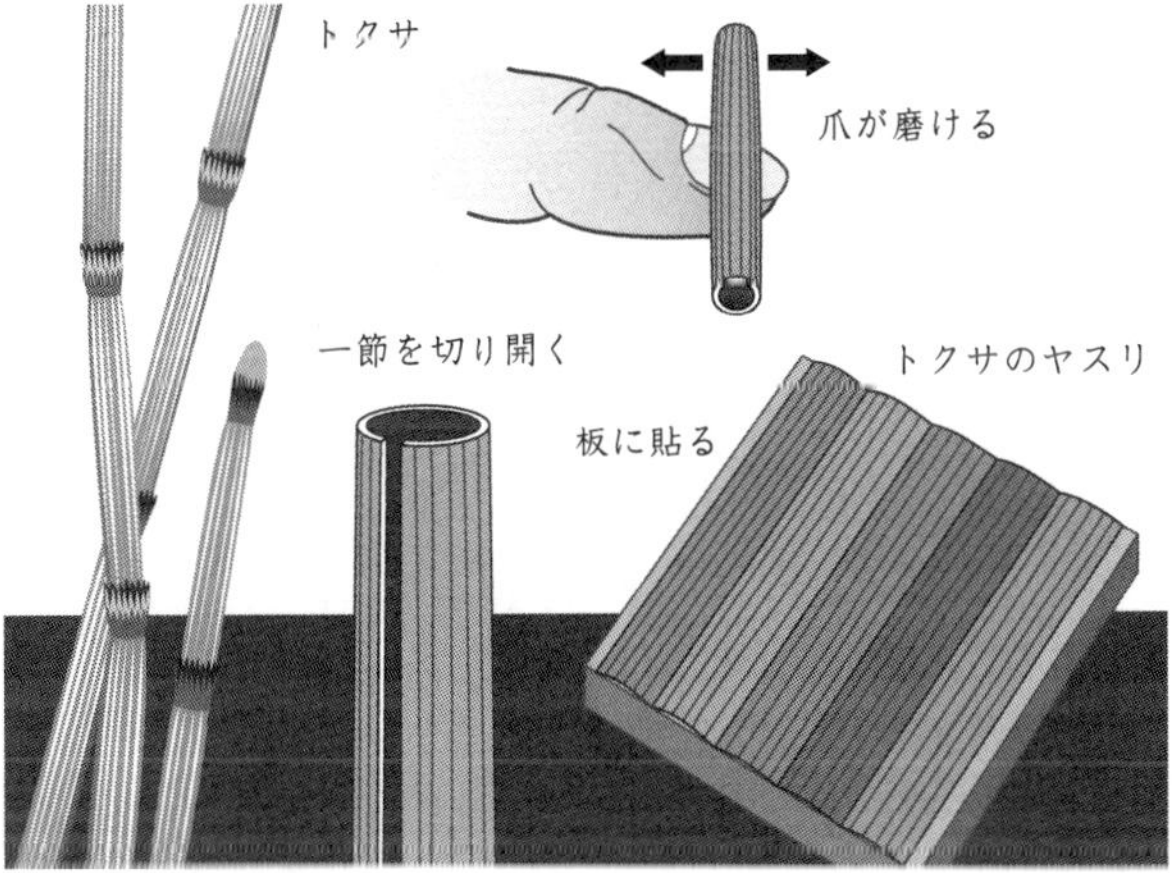
トクサ
爪が磨ける
一節を切り開く
トクサのヤスリ
板に貼る

ガラスのように鋭い結晶があります。

## 伐り旬

樹皮《じゅひ》を剝《は》ぐには木の活発なとき、梅雨時を選ぶという話をしましたが、逆に木が休みに入っているときに伐採《ばっさい》・採集するものもあります。

アケビという秋に実のなる木があります。この木はつるで伸び、地面を這《は》い、立木にからんで生長します。この木のつるはそのまま皮を剝がずに、籠《かご》を編むために使いました。細工に使うのは立木にからんだつるではなく、地面を這っているつるです。立木にからんでいるつるは、籠などを編むには癖《くせ》がありすぎるからです。

アケビのつるの採集は夏の土用《どよう》（七月の二十日ごろ）が過ぎてから始まります。

春先からつるは伸びはじめているのですが、土用を過ぎたものでないと作品にしてから縮んでしまったり、カビが生えたりするからです。土用から採集してもいいというのはつる採集者仲間のきめごとですが、実際には、東北の場合は九月も半ばを過ぎてから本格的な採集が始まります。

土用を過ぎても九月ごろまで、つるはまだ生長しているからです。すっかり伸びきってから採集したほうがつるも長くなります。早く、短いものを採集してしまうより、できるだけ長くなったものを集めるほうがいいのです。そのために十分伸びきるのを待ちます。自然の素材を使うときには、こういう気遣いが大事なんですね。

せっかく山に行ったんだから、できるだけたくさん取って帰ろう、若くてもまだ伸びるのでも取ってしまえというのでは、自然を保《たも》つことはできません。人間の都合ではなく、自然の、アケビの都合に合わせる。これが自然とのつきあい方の基本です。

採集してきたつるは乾燥させて保存します。

十分乾燥させたつるは何年も保存できます。使うときには、乾燥したままでは硬く折れやすいので、水に戻して軟らかにしてから編みます。

アケビばかりではなく、材として使う木も伐《き》るには時期があり、それは活動が終わった後でした。

「木《き》六《ろく》・竹八《たけはち》」という言葉があります。

これは木と竹の伐り始めの時期を示したものです。木は六月、竹は八月からという意味ですが、この言葉の使われたころは旧暦を使っていましたので、現在使われている暦《こよみ》にすれば、木は八月、竹は十月ごろでしょう。これは伐り始めの最初をいいますから、実際にはこの後の秋から冬にかけてが盛りになるわけです。

この時期は養分を十分に吸い取った後で、木は冬越しの準備に入っています。

冬に木を伐るのはほかにもいいことがありました。雪国では伐り倒した木が地面に当たって傷《いた》むのを雪が防いでくれますし、木を運び出すのに便利だったのです。昔は伐った木を斜面をすべらせて落としたり、雪の上をそりで運び出して一カ所に集め、筏《いかだ》に組んだり、川流しで運び出したのです。

雪の上で伐採するときには、積もった雪の上ですから木の根元からだいぶ上を伐りました。根元に近い「あて」の部分は癖が強く、通常の材としては使えなかったからです。そのため、わりと丈の高い伐根《ばっこん》が山に残りました。東北の山に多かった天然杉の伐根は、それはそれで使い道がありました。前に「こけら割り」の話を紹介しましたが、八寸（約二四センチ）の長さですむこけらには伐根が適していたのです。ほかにも桶《おけ》や樽《たる》の材料にも使えました。杉の場合、葉や枝は焚《た》きつけに、皮は屋根や腰板に使ったのですから、一本の木をあますところなく使いきったのです。

話を秋に伐採する木の話に戻します。

木には「伐《き》り旬《しゅん》」という言葉があります。「旬《しゅん》」とは魚や野菜などの一番盛んでおいしい時期のことをいいます。「伐り旬」というのは言葉通り、木を伐るのに適した期間のことです。さきに話した「木六・竹八」はその伐り旬をいった言葉だったのです。

九州の竹細工の老人は、

「竹は初冬、十一月ごろがいい」

といっていました。この季節の竹は虫が入らず、丈夫で長持ちするのです。

職人がつくった道具は丈夫で長持ちすることが必要条件でした。

それでも竹を伐るのは冬の間ならいつでもいいというのではなく「寒入《かんい》りの前に終わらせる」ものだそうです。その理由をつぎのようにいっていました。

「日本のような四季のある国では植物は秋に実をつける。実をつけるものでなくとも、休みに入る。竹も落ち着いているときだ。竹は落ち着いているときに伐ってくるんです。竹は休みに入るとき、肥えて一番脂《あぶら》がのっているから」

寒《かん》のころになると、外はまだ冬ですが、竹は動きだす準備をするのでしょう。

採集、伐採の時期を比べてみると、おもしろいことがわかります。漆《うるし》と木や竹はちょうど反対の時期が採集の季節なのです。昔は植物の育つ季節に合わせて一番いい時期に素材を伐りだしたり、採集していました。どちらもそれぞれの目的に合わせた「伐り旬」なのです。

今は日本中の森に林道が入り込み、ケーブルや重機で木を集め、それをトラックで簡単に運び出します。ですから季節に関係なく、木を伐り倒し運び出しています。経験から人が学んだ、木の伐り時を大事にしろといった教えは、ここでは生かされていません。人間の都合、仕事の都合に合わせてしまっているのです。

## 木の組み合わせ

法隆寺《ほうりゅうじ》や薬師寺《やくしじ》のような大きな建物は檜《ひのき》でつくられているという話はしましたね。檜の丈夫さや細工のしやすさが早くから知られ、それを生かす技が積み重ねられ、引き継がれてきたからです。

同じように木の使い方についてはさまざまな知恵が引き継がれています。

川の舟の多くは杉を素材にしていますが、すべてが杉なわけではなく、部材によってはほかの材を組み合わせます。たとえば、吉野《よしの》川《がわ》の梶取船《かんどりぶね》の場合は、艫《とも》と呼ばれる後ろの部分、ミヨシと呼ばれる舳先、船のなかほどで側板を支える船梁などは檜を使っていました。そのほうが杉よりも丈夫で、釘《くぎ》のしまりがいいからです。

熊野川の場合は飛びだした舳先の部分をサビタと呼んでいましたが、ここにはケヤキを使っていました。丈夫さを必要としたからです。このように必要に応じてさまざまな木を組み合わせます。

組み合わせの妙は、木の橋です。かつて日本の橋の多くは木でつくられていました。

大きな川に架《か》かる橋は建物に匹敵する木造建築物でした。橋は厳しい環境に置かれ、人々の生活や命を預かる大事なものでした。丈夫さはもちろん、風景のひとつとして美しさも要求されます。それでも予想以上の大雨や洪水で流されてしまうこともありました。そうしたなかで、どの部分にはどんな木を使えばいいか工夫が凝らされ、引き継がれてきました。山口県岩国市の錦川《にしきがわ》にかかる錦帯橋《きんたいきょう》は今では珍しくなった大きな木の橋です。江戸時代につくられ、その後、何回か架け替えられながら現在に至《いた》っています。

平成十三年から、この橋を新しく架け替える工事が始まり、平成十六年に完成しました。橋は全長一九三メートルもあり、川の中に立つ三つの橋脚《きようきやく》を使った五つの部分からできています。中の三つは、橋脚を基点に桁《けた》と呼ばれる木を重ね合わせながら少しずつ前に延ばし中央で両方が合わさる形式でつくられています。

橋の棟梁《とうりよう》に会い、どんな木を組み合わせてあるのか話を聞きました。

橋は昔から幾種類かの木をうまく使ってつくられていました。今回もそうした先人からの知恵を受け継いで、主に檜、栗、松、ケヤキ、ヒバ、カシを使ったそうです。

水面に立つ橋杭《はしぐい》は水に強いヒバ。この木は風呂桶《ふろおけ》などに使われる木です。檜の少なくなった現在は、カナダやアメリカのヒバが寺院の建築に檜の代用として使われています。丈夫で美しい木です。

橋を支える桁のなかでも強さを求められる根元と中央にはケヤキを、それ以外には松を使ったそうです。

桁や梁《はり》といわれる木組みを支える部材の雨覆いは栗。こけら葺《ぶ》きの屋根の場合でも軒先《のきさき》などの傷《いた》みやすい部分は栗を割ったものを使います。栗は家の土台や線路の枕木にも使われる丈夫な木です。

檜は橋の敷き板、高欄《こうらん》と呼ばれる欄干《らんかん》部分など。敷き板の敷き方は木表・木裏のところで話したように木表が上でした。

カシは、ダボと呼ばれる桁をせり出させたときにすべったりずれたりしないように打ち込む突起です。カシは農具の柄《え》や舟の櫓《ろ》や櫂《かい》に使われる強い木です。「木は癖《くせ》で組め」という口伝《くでん》には、木の癖のほかに、樹種で異なる性質をじょうずに使いわけるのですよという意味も含まれているのではないでしょうか。

ちなみに、橋をつくるこれらの部材に使ったのは、どれも二百年から三百年たった口径の大きな木で、白太《しらた》を取り去った赤身《あかみ》材だそうです。理由は白太・赤身の項で話したように、赤身材は腐朽《ふきゅう》に強いためです。檜の場合は心去り《しんさ》（心の部分を使わない）材を使いました。乾燥による割れをなくすためにそうしてあるのです。

以前の古い橋を解体したときにもそのような木の使われ方がされていたのでこうした配慮がなされたのです。

また檜などを買う場合、産地を一カ所に絞って、同じ色や肌合いの、同じ性質の木を揃えておきました。製材所で山積みにされた木々を見て歩くと、同じ檜でも木曾は穏やかな落ち着いた色で、吉野は赤色が濃いなど、産地によってまったく色合いが違うことがわかります。また吉野のものでも、どこの山から来たものか、十津川《とつかわ》あたりの木はやや濃い黒みがあるなど、すぐにわかるほど差があるのです。

建造物では、できるだけ同じ山の木を使うのは、部屋の柱の色がさまざまに違ってはバランスが取れなくなるということもあります。「木を買わず山を買え」という宮大工《みやだいく》の口伝は、こうしたところでも生きているのです。

# III　木と生きる

# 山から田へ

枯れて落ちた葉は地上にたまって腐って土にかえります。太陽の光と地上からの養分、水分でつくりあげた木の葉です。なかにはたっぷり植物が生長するために必要な要素が蓄えられています。

日本一大きなブナの木がはじめて見つかったころ、見に行ったことがあります。まだほとんど人間が踏み込んでいない森でしたから、その木の下は長い間にたまった腐葉土《ふようど》でスポンジの上を歩くようにふかふかでした。持っていた杖《つえ》を木のまわりの地面に差し込むと、一メートルほど難なく入っていきました。それほど木の葉は積もって、空気や栄養分や水分を蓄えているのです。

今の日本の農業はたくさんの農薬、化学肥料を使います。

科学は畑で野菜が育つために必要なものは何か、田んぼで稲が育ち、十分の収穫を上げるためには何が必要かを研究、分析しました。

その結果、最低限必要なものを探し出し、それをあたえればいいと考え、合成した肥料を製造会社が市販しています。それさえあれば、野菜や稲は育つと考えているのです。実際に、それらの肥料をまいた畑や田んぼではたくさんの野菜や米が穫れました。

たくさん捕れたイワシから脂《あぶら》を搾《しぼ》った残りを干したものを「干鰯《ほしか》」といいますが、化学肥料が出る前は、そういうものや岸に打ち上げられた海藻を拾って畑に運んでいました。それらを肥料として使っていたのです。

農家の人がお金を出して買う肥料を「金肥《きんぴ》」といいます。

化学肥料を多量に使うようになったのは昭和三十年以降のことです。効果はてきめんで、収穫量はぐっと上がりました。そのうえ手間のかかる堆肥《たいひ》づくりをしなくてすむようになったので、大量に使われるようになりました。

それまでは田んぼにレンゲを植えたり、山から落ち葉を集めてきて牛糞《ぎゅうふん》や鶏糞《けいふん》を混ぜて発酵させて田んぼや畑にまいてきました。

堆肥とはこうした自然の材料でつくった肥料のことをいいます。有機物に満ちた肥料です。

化学肥料の多くには有機物が入っていません。窒素、リン酸、カリという、植物に必要な化学物質を工場でつくりだしているのです。それらの元になっているのは、植物や動物質ではありません。

農業に適した土というのは、土が三分の一、水分が三分の一、空気が三分の一のふわふわした軟らかな土だそうです。

ところが有機物が入らない肥料を使っていたのでは、そうした割合にならないので土が瓦礫《がれき》のようになってしまいます。硬いコンクリートのようになるのです。瓦礫のような土を元に戻すには、一〇アールあたり二トンぐらいの有機質の肥料を十年間入れ続けなくてはならないといわれています。

化学肥料だけを長い間使ってきた畑や田んぼは、有機質が足りなくなって不健康な状態になっています。不健康な土からでもたくさんの収穫を得るために、なおさらたくさんの化学肥料を使っているのが現状です。

近ごろ、こうした畑や田んぼから穫れたものよりも、有機質の健康な土で育った野菜や米や果物のよさに気がつく人が増えてきました。そして、そういう有機肥料を使った農業が復活してきています。

スーパーマーケットや八百屋さんに行きますと、「有機野菜」「有機米」などの表示のある品物が並んでいるのを見かけるでしょう。

では、有機質の肥料をつくるにはどうするかといいますと、昔ながらの方法が見直されているのです。それは山の木の落ち葉を利用する方法です。

秋に枯葉が落ちたら山に落ち葉を集めに行きます。山といっても遠くの高い山ではなく、人が暮らす村の近くの里山です。昔は農村を取り巻くように、そうした山や雑木林がありました。集めてくるのは里山にいっぱいあったドングリのなるコナラやミズナラ、クヌギなどの雑木の葉です。肥料にはそうした葉が一番いいのです。

持ち帰った葉っぱに完熟鶏糞（鶏の糞を発酵させて完熟させたもの、六年ぐらい発酵させる）を混ぜ込んで、一年ほど外に置いておきます。これにさらに枯葉や鶏糞を足して切り返し（何度もひっくり返して混ぜ合わせること）、二年目からは肥料置きの建物に入れて鶏糞や糠《ぬか》を混ぜて、さらに発酵させると、七〇度ぐらいまで温度が上がってきて、堆肥は土のように粉々になってきます。バクテリアの分解、発酵する力を利用して枯葉を有機質に満ちた土にかえしているのです。

二年目には、枯葉は拾ってきたときの量の二〇パーセントぐらいまで減っていきます。こうして三年間熟成させて田んぼへ入れます。この作業を毎年繰り返しやっていくと、すばらしい田んぼや畑ができあがります。有機農業の堆肥はこのように山の葉を使ってつくっていたのです。

こうした農業をする人たちは、

「山が肥えれば田が痩せる、山が痩せれば田が肥える」

といいます。山の枯葉をみんな拾ってきてしまえば、山の土は養分が少なくなって、だんだん痩せていくけれども、田んぼは有機肥料を入れてもらって肥えていくということをいった言葉です。現在は枯葉を集める人がいないので「山が肥え、田が痩せている」状態が続いています。山の木と田んぼはこうしてつながっていたのです。自然は大きな動きのなかで強く関連していたのです。目の前の収穫、お金で解決する便利さのために、こうした大きな循環を私たちは忘れていたのです。コンクリートのように硬くなった土を見てそれを反省し、あらためて木のこと、山のことを考え直そうとする動きが起こっています。

## 山と海のつながり

山と田や畑とのつながりを話しましたので、山と海とのつながりも話しておきましょう。山と海なんて関係が薄いように思われるかもしれませんが、漁業と山の木は大きな関わりを持っているのです。

山に降った雨は木の下に蓄えられた腐葉土《ふようど》に浸《し》み込《こ》み、たくさんの養分を溶かし込み、少しずつ川に流れ出し、海にたどりつきます。この溶け出した養分は川の魚や生きものたちを育《はぐく》みますが、海の生きものたちにとっても大事なものです。魚介類の餌となるプランクトンや海藻類を育てるのに必要な栄養分を含んでいるからです。これも森に腐葉土があっての話です。

もし山に木が生《は》えておらず、腐葉土がなく、剝《む》き出しのままだったら、降った雨はそのまま一気に流れ落ち、山々を削り、土を運び去るでしょう。そうした山々から流れ出す川の水は泥で濁ってしまいます。その泥は川底を埋め、生きものの成長を妨げるばかりでなく、海に流れ出し、海岸を泥で埋め尽くしてしまいます。これは架空の話ではなく、地球上のあちこちで起きている現実です。

中国の黄河、インドのインダス川など、さまざまな場所で起きています。日本も例外ではありません。山の木を伐《き》り払ったり、ブルドーザーで表土《ひょうど》を剝《は》いでしまったために、牡蠣《かき》や海苔《のり》の養殖ができなくなったり、昆布漁《こんぶりょう》ができなくなったところがあるのです。世界一美しいといわれる石垣島の珊瑚《さんご》も、表土を剝ぎ取られた山から流れ出す土に覆われて減り始め、問題となっています。

川の水が運んでくる養分が溜《た》まる河口付近の穏やかな地形やそこに育つ藻《も》は、魚たちの子育ての場所であり、安らぎを得る隠れ処《かくが》なのです。そうした場所が土で埋まってしまえば、魚は子育ての場も隠れ処も失い、いなくなります。これは現在、日本中の海で起きていることです。

そうしたせいもあり日本の近海では、めっきり魚が捕れなくなってしまいました。

日本の地形は山が海岸の側まで迫っているところがたくさんあります。また海辺に鬱蒼《うっそう》とした森が控えているところもたくさんあります。

こうした森や山は海面に影をつくります。そこはやはり魚たちの休憩所です。このことを漁師たちは昔から知っていて、海岸に迫ったこうした森を「魚《うお》つき林《りん》」として大事にしてきました。九州の漁師さんに聞いた話ですが、海岸沿いの森を伐って道を開き、その壁にコンクリートを張ったら、イカが産卵に来なくなったそうです。そこで壁をもっと黒い色に塗り替えてもらうといっていました。

山の木が漁業に大きな影響をあたえることに気がついた漁師さんたちが川の上

流の森に木を植える運動をしているところもあります。

北海道の襟裳岬《えりもみさき》は、かつては原生の森でしたが、薪《たきぎ》などのために木が伐り尽くされてしまいました。

いったん伐り払われた森はなかなか自分の力では再生できません。とくに年中強風が吹き荒れる襟裳岬では、若木《わかぎ》も育たず、砂漠化が進みました。それを海辺の海藻を運んだり、柵をつくって風を防ぎ植林を進めることで、森を再生する運動が長い間続けられてきました。ある報告書ではその結果、海産物の水揚高が、約一〇〇トンから約一七〇〇トンへと、大幅に上がったと述べられています。

気仙沼《けせんぬま》の牡蠣養殖家たちをはじめ各地の漁業者が自分たちの海に栄養分を運んでくれる山に恩返しをしようと植林の運動を起こしています。

海と森、一見関係のないもの同士も地球という環境のなかでは深く関わりを持っているのです。

技術の発達や開発が目指すものは、人間の幸福です。人を不幸にしようと思ってやっていることは何ひとつないのですが、結果的には災いとなってずいぶん後になって降りかかってくることもあるのです。人間が生きてものを見ていられる時間は、樹木や山、海などに比べれば、ごくわずかな瞬間でしかありません。自然の話をするときには、こんな時間のことも忘れてはならないことです。

## 炭を焼く

木の利用法として最大の需要は、かつては家をつくる建材《けんざい》と木炭でした。日本の家は木でできていますので、いかにたくさんの樹木が必要だったかはわかりますね。その使い方に関して蓄えられ、伝えられてきた知恵や技の話は十分してきました。

木炭は今ではあまり見かけなくなりましたので、その話をしておきましょう。

木炭とはバーベキューなどのときに使う、あの炭のことです。炭は木を窯《かま》で焼いてつくります。

炭には白炭《はくたん》と黒炭《こくたん》の二種類があります。

白炭は石でつくった窯で高温まで上げ、真っ赤(とても温度が高いので実際には白に近い)になった炭を窯の外に引き出し、灰で消してつくったもので、灰のついた白っぽい色をしています。この炭同士を叩くと、キンキンと金属的な音がします。とても堅い炭です。堅炭《かたずみ》という言い方もします。白炭は、火がつくまで少し時間がかかりますが、熱が高く、長持ちする炭です。ウナギ屋さんや焼鳥屋さんが使う「備長炭《びんちょうたん》」というのは、この白炭の仲間です。

黒炭は名前通り黒い炭です。バーベキューのときなどに使う軟らかく、火がつきやすい炭です。これはほとんどが土で築いた窯で焼きます。ある程度まで窯の温度を上げて真っ赤(今度はほんとうに赤色)に焼けたところで、窯の蓋《ふた》を閉じて火が消えるのを待ち、窯が冷えたところで炭を運び出します。黒炭は軟らかいので叩き合わせると、ごすごすというにぶい音がします。

このほかに鍛冶炭《かじずみ》といって、古い栗の木を炭にするものがありました。山で穴を掘って、そこでつくった炭でした。この炭は名前の通り鍛冶屋さんが使うものでした。

木を炭に変えていく作業は、木に含まれる水分をなくし、さらに木の繊維《せんい》と繊維の間にある成分を、熱を加えることで追い出すのです。炭焼き窯の構造は空気の供給を抑え、熱を上げて余分な成分を追い出し、炭化するようにできています。もし十分な空気が送られるなら、窯の中で木は燃えだし、炭にはならず灰になってしまいます。そうならないように木をじょうずに詰め、空気を調節し、熱の加減を見て、窯の入口を土で埋めながら炭にするのです。

白炭の場合ですが、窯に入れた木が炭になると、重さで八分の一から九分の一に減ります。木の長さも元の三分の二ぐらいまで縮みます。

炭にする木はどんなものでもいいのですが、できあがった炭の使い道によって、材料に区別があります。

備長炭のような特殊な炭は、カシやウバメガシという決められた木を材料にします。黒炭でも火力があって、火が長持ちするナラの木などは高価な品です。

基本的にはどんな木でも炭になります。フジのつるのようなものでも桜でも、竹でも栗の実でも炭にすることができますが、炭焼きの仕事は燃料として使われる炭づくりですので、家を建てる木や家具をつくる木をのぞいて、いわゆる雑木《ざつぼく》と呼ばれる木を炭にしました。

建材や家具などに使う木を「用材《ようざい》」、それ以外の木を「雑木」といいます。用材とは人間の生活のために有用な木、「有用材」のことです。

昔は料理のための燃料は薪《まき》や炭でした。木は炭に焼くことで、煙を出さずに、少しの量で高い熱を得ることができました。保存にも便利でしたし、使いやすかったのです。

薪が簡単に手に入らない都市や町では、炭は生活に欠かせない大事な燃料でした。現在のようにガスや電気が普及する以前のことです。

かつては、木炭や薪にするための林は、人の住む里の近くにありました。「堆《たい》肥《ひ》」をつくるところで話しましたが、里の近くの雑木林は、落ち葉の供給以外にも焚《た》きつけや薪の供給林として重要だったのです。

その里山が姿を消しました。薪や木炭にするために伐《き》り尽くしてしまったからではありません。ガスや電気、石油の普及で、木炭や薪が必要ではなくなり、里山の雑木林は不要になったからです。

里山の雑木林は伐り払われて、新しく住宅街や工場に変わりました。また、用材として重視された杉や檜《ひのき》を植えるために、雑木の林は伐り払われたのです。

しかし、近ごろ木炭が見直されはじめています。燃料以外に、たくさんの活用法があるからです。匂いを吸収することや、水の汚れを取ること、土壌の改良材、さまざまな健康法にも使われています。また木炭をつくる過程で副産物としてできる木酢酸《もくさくさん》も殺菌や消毒など、新たな利用法が見直されています。

## 木を絶やさぬために

山の木は伐《き》ればなくなります。そのために木を伐ることを自然破壊だと思っている人がいますが、一概にそうとはいえません。

これまで日本人の生活は山の木や資源に支えられてきたといっても過言ではありません。今まで話してきたように木をさまざまに利用してきたのです。

木を使うからには、木をなくさないように工夫が凝らされ、木から学んだ知恵を蓄積して木と共存してきたのです。

宮大工《みやだいく》の棟梁《とうりよう》・西岡常一《にしおかつねかず》氏は、

「千年の木を使った建物は千年はもつようにするのが大工のつとめだ」

といいました。檜《ひのき》を使った建物のすべてが千年もつわけではありません。癖《くせ》を生かして使ってこそ、千年もたせることができるのです。

千年の檜を使った建物を千年もたせることができるなら、寿命千年の檜を伐ったそのときに新しく苗を植えておけば、千年後に新しく堂や塔を建てるときの資源に困ることはないわけです。しかし、薬師寺《やくしじ》の金堂《こんどう》や西塔《さいとう》を再建《さいこん》しようとしたときに、日本には二千年の檜も千年の檜もありませんでした。せいぜいが五百年ぐらいの若い檜しかなかったのです。それでは千年もつ建物が建てられません。結局、西岡棟梁は台湾に出向いて山を見、台湾の二千年を超える檜を買い、薬師寺の西塔を再建しました。岩の多い台湾の山には千年、二千年の檜が今も森をつくっています。

日本の国には「千年の木」を使う技術も知恵も伝わってきたのですが、木を千年の時を超えて育て続けていくという考えが定着していなかったのです。

しかし、こうした息の長い計画は個人ができる仕事ではありません。寺社《じしゃ》の管理者や国の指導者たち国民全体が考える問題です。

実際には、日々の暮らしのなかで山や自然から恵みを受けてきた人たちには、先祖から受け継いだ木や林をじょうずに使い、使ったらまた植え、つぎの世代に渡していくという考えが根づいていました。

## 橋木

もうその村はダムの底に沈んだためになくなってしまいましたが、最後の一軒が残っていたときに訪ねて聞いた話です。

かつては炭焼きを中心にしていた滋賀県の山奥の集落でした。この村と、もうひとつ奥にあった集落の子供たちは一緒の分校に通っていました。

この学校へ行くときや、奥の集落の人が町に往き来するためには細い山道を使っていました。この道には八本の橋が架《か》かっていたそうです。橋は現在のように国や県や町が架けてくれたものではなく、二つの集落の人たちが共同で架けたものでした。

橋といっても簡単に丸木を二つに割り、丸木二本分を川に渡すというものでした。そこは冬には雪が積もります。自転車に乗った人も、炭を担いだ人も、やっと学校へ行くようになった子供も渡るのですから、誰もが安心して渡れるようなしっかりとした木で橋を架けねばなりません。

集落には「橋木《はしぎ》」というものがありました。

橋にするために育てている杉の木です。

橋にするのですから、大きく丈夫で、真っ直ぐでなければなりません。山や林はどれも個人の持ち物でしたが、集落全体で「この木は橋木にしよう」と決めると、その木はその山の持ち主といえども伐《き》ってはならず、何代にもわたって育てていくのです。

一度に八本の橋を架け替えるとなると、二本ずつ十六本の杉の大木が必要です。谷が深く、洪水などがあれば、橋は流されることもあります。そのときには新しい橋を架けねばなりません。そのために用意しておくのが「橋木」です。

集落で必要な木を自分たちで植え、育て、守り、受け継いでいく。こういう考えは小さな村にも、たしかにあったのです。これは橋ばかりではなく、鎮守《ちんじゅ》の森のお宮《みや》の建て替え、修理に必要な材料としてその木を売って資金をつくるために、杉や檜《ひのき》を植えてありました。その木を伐って使えば、すぐにつぎの苗を植える。村や集落にはそういうしきたりがあったのです。

## 尽きることのない山の資源

これまで取り上げてきたどんな仕事も、自分たちの仕事の源の「素材」である木や樹皮《じゅひ》や樹液を尽きることなく使う工夫がされているのです。

木を割《さ》いて籠《かご》を編むためのイタヤカエデは、山に自生するものですが、細工に適当な太さの木しか伐《き》りません。小さなものは残しておき、大きくなるのを待ちます。伐った跡はきれいにしておくと、根株の脇から「ひこばえ」と呼ばれる次世代の芽が出てきます。

植物には子孫を残すためにさまざまな作戦があります。種子をたくさんばらまき、そこから芽を出すのもその作戦の一つですが、この場合、芽を出したのに大きな木の陰だったり、笹に囲まれていて伸びられないなどといったことが起こる危険性もあります。そんななかで、伐られた親の根から直接子供を出していくというのも有効な作戦でした。どんな木でも、このひこばえ作戦を使うわけではありませんが、「陽樹《ようじゅ》」と呼ばれる日当たりで育つ性格の木に多いのです。

イタヤ細工師は、十五年ぐらいの一番使いやすいイタヤカエデを、必要なときに手に入れるために、伐った跡から芽が伸びてくるのを待ちます。そのためにはいくつかの山をまわりながら幼い木を育て、それが育つのを待って使えばいいのです。順に育て、待って使えば絶やさずにすみます。極端にいえば、一つの山のイタヤカエデをみんな伐ってしまっても、十五の山を順に使えば、十五年後には最初の山の木がまた使えるわけです。実際に人々はそうやって山を順繰りに使いまわしてきました。

これは糸を取るシナノキでもいえます。一反《たん》（シナ布《ふ》の場合は幅三六センチ、長さ六〇メートル）の布を織るのに、十五年から二十年のシナノキ十五本ほどを必要とします。この木も伐った跡からひこばえが出てきますから、そのなかから丈夫に育ちそうなものを選んで残し、十五年間見守ります。自生する木だからといって、放りっぱなしにしておくわけではありません。素直で、いい糸を取るためには土壌や日当たり、まわりの環境が大事です。

いい糸は長く真っ直ぐに皮を剝《は》げることが条件です。そのためには藪《やぶ》を刈り、手をかけて育て、その間にまた別の木を使う準備をしなくてはなりません。

漆《うるし》の採集では「殺《ころ》し掻《が》き」で最後の一滴を搾《しぼ》り取った木は伐り倒してしまうといいましたが、これも脇からひこばえが出てきます。ひこばえは、そのままでは役に立つ木になりませんが、手をかけ世話をすることで使える木になります。

たくさんの木を伐る炭焼きでも同じです。十五年から二十年で山の木をまわすように使います。一つの山の木を伐ったら、つぎの山に行き、つぎを伐ったらまたつぎへ、といった具合に移る間に最初の山のひこばえが芽を伸ばし、種子から育ち順に大きくなっていきますので、二十年後にはまたもとの山で炭を焼くことができます。実際には小さな木は伐らずに残しますから、もっと短いサイクルで使うこともできるでしょう。

炭に焼くのは雑木《ざつぼく》で、用材《ようざい》は伐りません。杉や檜《ひのき》、松、ケヤキなどの用材は、六十年、八十年、百年、もっと長いサイクルで育てます。

炭焼きに伐られずに残された木は山の地肌を守り、強風から小さな芽が伸びるのを守る役目もあります。また用材になる木は、炭焼きが下の藪や邪魔な木や、幹《みき》にからみついてくるつるを伐り払ってくれるので、大きく育つことができます。炭焼きは木の守り役でもあったのです。

備長炭《びんちょうたん》の生産地、和歌山県の炭焼きは、一生同じ仕事をするうちに、同じ山に戻ってきたものだと話していました。また自分の父や祖父が昔築いた窯《かま》用の石を再度利用して、父や祖父が伐った後の山の木を炭に焼いたといっていました。

山は世代を越えて守り育て、引き渡されてきたから、資源が尽きるということがなかったのです。炭焼きたちが使った山は自分のものとは限りませんでした。山持ちから炭を焼くために木を伐る権利を買い、炭窯を築いて焼いた人たちもいました。山持ちのなかには伐ってもいい木や、木の伐り方に制限をあたえた人もいました。そうした制限のなかにはチェーンソーを使ってはならない、斧《おの》で伐り倒せというものもありました。ひこばえが生えやすいようにという配慮だったのだそうです。

山の木を資源として使う人たちは「親木《おやぎ》を残す」ことを掟にしていました。親木とは元になる木、種をまく木、そこから増えていく元になる木のことです。

爪楊枝《つまようじ》をつくるクロモジという木があります。木の肌に傷をつけるとさわやかな香りのする木ですが、この木を採集するときも親木を殺さぬようにしました。

アケビ細工のつる採集のおじいさんから聞いた話です。アケビが生《は》えていたある山が切り開かれ、その山に生えていたアケビも伐られました。その跡には杉が植林されたのですが、六十数年たってその杉が伐り払われて、ふたたび地面に日が当たるようになったら、六十数年前に採集したアケビの「元《もと》」からふたたび、芽が吹き出してきたそうです。「元」といっていましたが、地中に残った根のことでしょう。植物の持つ潜在能力のすばらしさに感心させられます。

杉や檜などの針葉樹は、ひこばえが出るということがありません。ですから伐ったら植えるか、種をまき散らす親木として残し、種からつぎの世代の芽が出てくるのを待たなければなりません。それは時間のかかる、気の遠くなるような話です。自分が植えた木を自分が使うことはないのです。育林家は何世代にもわたって山の木をそうやって育ててきました。

残念ながら千年、二千年の寿命を持つ檜は伐ったままにされていたために育てられませんでした。屋根を葺《ふ》くこけら割りの人の話もしましたが、彼らが使う天然杉の伐根《ばっこん》というものもなくなりました。それまで長い間にわたって生長してきた天然の杉を守り、継《つ》ぐ人がいなかったからです。植林の杉では生長が早すぎ、屋根を守るには丈夫さが足りません。栄養たっぷりなうえに、人間の手をかけられて育った杉は年輪の幅が広いのです。人は経済的効率を考え、早く大きくすることでお金に換えようとしたのです。しかし、それらの促成栽培された杉や檜は天然の杉や檜とは違う性質のものです。

川舟用の杉は宮崎県の飫肥《おび》というところで専門に育てられています。節《ふし》が多い、丈夫な杉です。天然でなければ困るもの、植林で十分なもの、さまざまな用途に応じて使いわけながら、新たに木と一緒に生きていく知恵を蓄えていかなければなりません。

## 雑木の山をつくるには百年かかる

木を伐《き》った跡や林のあったところで雑木林が再生するのは別ですが、まったく丸裸にしてしまった山に改めて雑木林をつくろうとしたら、自然のままにまかせれば、百年はかかるといいます。

はじめに生《は》えてくるのはシダなどの草です。少したつと幹《みき》の中に髄《ずい》のある木や、軟らかな木など、草に近い樹種が生えてきます。風に運ばれた種や鳥が運んできた種から芽生《めば》えるのです。最初は日を遮《さえぎ》るものがありませんから、日当たりで育ちやすい木がはびこります。こうした木は寿命の短い種類です。

山を切り開いて道路をつくったところや、工事で斜面を切り取ったところでは、こうした様子を見ることができます。

しだいに一年で枯れない木、少し寿命の長い木が育ってきます。そして大きな木が育つと日に当たることができない背の低い木は競争に負けて消えていきます。こうしてコナラやクヌギなどの雑木が順に伸びていくのです。

人間が手を加え、よぶんな木を伐って雑木を育ちやすくしてやれば、半分ぐらいの時間で雑木の山ができあがるのではないでしょうか。

東京都の大島は椿《つばき》で有名です。山の中腹から上はほとんどが椿の林です。椿の実から油を搾《しぼ》るためにこうした林をつくりあげたのですが、植林したものではありません。野生のヤブツバキから落ちた実が芽を出して育ってできたものです。

椿の山をつくるためには炭焼きが大きく貢献していました。山の資源についての話のところで、炭焼きが炭に焼く木を伐るときに有用な木を残すことは、選ばれた木を大きくする作用があることを話しましたね。大島でもその方法が採られていたのです。

薪《まき》にしたり炭を焼くために山に入ると、山持ちは椿の木を残して伐るように指示しました。大島では三十年ほどの間隔で山の木を炭を焼くために伐ったそうです。椿は育ちの遅い木です。野生ではそんなに大きくなりません。三十年たち、もう一度炭焼きや薪のために雑木を伐り、椿を残しますと、やっと椿は一人前になってほかに負けない大きさになります。勝手に生えてきた木ですから、木の間隔はまばらで、込んでいるところも空いているところもあります。これでは収穫にも手入れにも不都合なので密集しているところは間引きをしてやります。こうしてやると、枝を伸ばし、いい実をつけるようになります。

雑木の間にあったときにはひょろひょろしていた椿ですが、一人前になっていい環境をあたえられると、今までの苦労が実っていい木になるのです。椿油の実を採集できるようになるまで野生の木を育てるには六十年もの時間がかかります。何とも気の遠くなる話です。こうしてできた椿の林でもそのままにしておいたのでは、下草が生え、藪がはびこり、雑木がしだいに生長してきますから、椿山を維持するには、毎年手入れをして藪を払っていかなければなりません。

大島に宅地分譲のブームが起きたさい、別荘用に多くの椿の山が大きな企業に買い占められました。椿油を搾るのは、山の管理から実の採集、乾燥など、たいへん手間のかかるわりに利益の薄い仕事でしたから、地元の人も高いお金で買ってもらえるというので山を売りました。

しかしブームは去り、山は建物も建たずにそのままに放置されました。手の入らなくなった椿山は、あっというまに雑木が伸び、美しかった椿山は荒れ放題になってしまいました。人の利用する山、一度人が手を入れた山は手をかけ続けなければ、維持することができないのです。

宮城の老炭焼き人は、人が手をかけなくなって荒れ放題になった山を見て、「モダ山になってしまった」

と嘆いていました。むだな、役に立たない山という意味です。

炭焼きが雑木を炭に焼き、アケビ細工師やヤマブドウつるの細工人、葛《くず》のつるを採集する人、漆掻《うるしか》き、イタヤカエデの採集人たちがいて、それぞれが有用な木を利用し、農家の人が落ち葉を集め、大きくなった木は樵《きこり》たちが伐り出す。伐ったら、苗を植えたり、ひこばえの世話をし、育てては使う。これを順に繰り返しながら、山の自然は守られてきたのです。こうした仕事のどれ一つがなくなっても輪は欠け、山は維持できなくなっていきます。

自然のなかで人間が暮らしていた時代はこの循環がうまくいっていました。自然から素材を使わず、工業製品を使って暮らすというのなら、私たちはそれに対応した循環ができ、資源が尽きず、ゴミも土にかえっていくような新しいシステムをつくりださなくてはならないのです。効率を求める使い捨ての時代に、そのシステムはまだできていません。

# 植林の話

山の木は伐《き》りますと、そこに大きな空間ができます。そうすると、それまで日が当たらないために伸びずにいた小さな苗や、芽を出せずにいた種がいっせいに競争を始めます。木は速く大きくなり、葉を茂らせたものだけが生き延びられるのです。山に育っている大きな木はこうした競争に勝ったものです。

木を育てるためには、こうした自然の競争にまかせる方法があります。木を伐るときにも、種をまき散らす大きな木を残しておいて、その木の子供を自然の競争にまかせて大きくさせるのです。この種をまき散らす母親の木を「母樹《ぼじゅ》」「親《おや》木《ぎ》」といいます。

この方法は人間が畑で種を播《ま》き、苗を育てて、ある程度大きくなってから山に移植する方法よりもずっと効率は悪いのですが、寿命の長い木が育ちます。日本では多くの場合、苗木を移植する方法で植林をおこなっていますが、どうしても土や環境が変わることや、移植のさいに根が切れることなどから、檜《ひのき》の場合でも千年の寿命のある木が育ちにくいといいます。台湾には樹齢千年、二千年の檜が十万本もある原生林が残っています。山が厳しく、岩山のようなところに、それらの林は残されていました。

その山を案内してくれた研究者は、

「私たちは自然更新で檜を育てています。このほうが大きな強い木が育つからです」

といっていました。

木の更新には、このように親木の種が地上に落ちて芽を出す「萌芽《ほうが》更新」という方法や、鳥や獣が種を食べて落とした糞《ふん》から芽《は》が生える「天然下種《てんねんかしゅ》更新」などの方法があります。この方法が、人間が移植するより育ちがよく丈夫なのは、環境のいいところの木が競争に勝って育つからです。育つということは、その木にとってそこが「適材適所」の場所だということです。

人間が植林するときでも、この競争の原理を利用しています。

これは奈良県のある林業家の例ですが、はじめは一ヘクタールに五千本もの杉や檜の苗を植えます。数が多いものですから、苗は早く大きくなろうとします。しかし、ある程度大きくなると狭いですから、枝が張れなくなるので、間引きしてやります。半分ほどの木を伐ってしまうのです。残された木は広々としたなかで育ちます。こうして間引きをしながら木を育て、植えて五十年後には杉は千二百本、檜は千五百本にします。このようにして大きく真っ直ぐな木を育てるのです。

植林で五百年の歴史を持つ吉野《よしの》の場合は、もっと極端です。一ヘクタールに八千から一万二千本もの木を植え、最初の十年までに二〇パーセントを除伐《じょばつ》（幼樹のときに不要な木を取り除くこと）、十五年目までにさらに元の一五パーセントを間伐《かんばつ》（間に育つ木を伐って、広く育ちやすくすること）、二十年目までに一五パーセント、二十五年を過ぎたらさらに一五パーセント、三十五年を過ぎたら一五パーセント、四十年を過ぎたら最後の一〇パーセントを間伐し、商品として出荷できる木は最初の一〇パーセント。一ヘクタールで千本ぐらいのものなのです。若いときに競争させることで、いい木を残す、これが植林のやり方です。

また、環境が厳しく杉や檜が育ちにくいときには、お守り役の木を植えます。たとえば、山の尾根《おね》などの木が育ちにくいところに杉や檜を植えるときには、まずカラマツという育ちのいい木を植えます。十五年ほどたち、カラマツがある程度大きくなったら木の間に杉や檜の苗を植えます。カラマツに守ってもらうのです。そして杉や檜が大きくなり、自分で大きくなっていけそうになったら、カラマツを伐ってしまいます。こういう方法を「樹下植栽《じゅかしょくさい》」といいます。

# 木の自殺

最後に、いくつか木に関する仕事をしている人たちから聞いた言葉を紹介しておきます。

植木屋さんが、庭に木を移したり、公園の木を育てるのには、それまで育ってきた環境とできるだけ同じにしてやるんですよという話をしてくれました。そのとき、新しい環境があんまり悪いと木は育たずに死んでしまいますが、なかには木が自殺することもあるんだよと聞かされました。

植えられた木がうまく根づかずに死ぬときは、植えた人や育てる人が悪いか不真面目なために殺されて死ぬのが半分、木自身がそんな状態で生きていくのが嫌になって自殺して死ぬのが半分だというのです。

嫌なところへ連れて行かれて、愛情もなく放っておかれたら木は自殺するというのです。庭や公園、街路樹などは自然そのままではありません。人間がつくりだした新しい環境です。そうした環境に連れてきておいて、ちょこっと手をかけて、後は自然のままにしたほうがいいだろうと放りっぱなしにされてしまったのでは人間世界に持ちこまれた木は生きていけません。

種子のなかには、芽吹くための養分と育つための設計図が組み込まれているのですが、自ら環境を選べない木は厳しい競争をして、まわりの木より早く光を受けられる体勢を取らないと、仲間に負けて死んでしまうのです。大きな一本の木になれるのは芽を出した百本のうちの一本か、千本に一本です。わずかな差で木は生き残ったり、死んでしまったりするのです。それだけ強いというのではなく、それだけ環境に対して弱いと考えるべきでしょう。

自分から動くことができない木はあたえられた環境のなかで生きぬくために精一杯の努力と工夫をしています。環境が変わるのは生き死にの問題です。その環境を変えて植物を移植するからには、移植した人間はそれだけの世話を、時間をかけてする必要があるのです。そうでなければ、木は自ら死んでしまうことがあるという話を聞いて、胸を突かれる思いがしました。私自身もたくさんの植物や木を枯らしてきました。自分が気に入って庭に植えたり、移したりしたのですが、うまくつかずに死んでしまいました。あの半分ぐらいは、もしかしたら私の仕打ちにあきれて自殺したのかもしれないと思ったのです。

公園や街路樹や幹線道路の中央分離帯などの木にもずいぶん枯れたものがあります。あのなかには殺された木、自殺した木がきっとあるのでしょう。この話を聞いて以来、植物を育てるからには十分な配慮がいるのだと自分を戒《いまし》めています。自然にまかせるというのと放りっぱなしはまったく違うことなのです。

長い時間をかけて手入れをして木を育て上げる育林家の方はいいました。

「雪が降って植えた檜《ひのき》が曲がってしまう。春に行って、それを立て直してやろうと思うのだが、そのときに支えをつけてやったのでは、木はやってもらった支えをあてにしてしまう。

そうではなく、木が一人で生きていけるようにするなら、もし右の枝がひどく下がってしまっているなら、それを落として自分で真っ直ぐ立ち上げられるようにしてやるんです。木は垂れ下がってしまった枝がそのままなら、必死で立ち上がろうとしますが、そのために幹《みき》は大きく曲がってしまいます。幹を真っ直ぐ育ててやろうと思うなら、体勢を立て直すようにしてやるんです。後は自分で生きていくものです。その手助けをするのが私たちの役目です」

「種から育て、三、四年たった苗を山に移植するときは、最初に一回は水をやるが、その後は自分で水を探して吸収させるようにしむけるんです。いつまでも世話はできないし、水をやり続けても根が腐ってしまうんです。生きていけるようにはしても、面倒を見すぎるのはだめなんです」

こうした話を聞いていると、木も人間も同じだと思います。最後に生きていくのは自分です。いつまでも人の世話になっていたのでは独立できません。親は子供を送り出すときは、いい時期を見つけて旅立たせ、後は自らの力で生きぬくようにしてやります。しかし、一人で旅立たせるためにはそれまでに十分育ててやる必要があるのです。

## 木に教わる、山に叱られる

木と人間、生きものはみんな共通するものがあるのですね。木や山に関わる仕事をしてきた人たちはみんないいます。

「自分たちが生きる知恵はみんな木や山から教わったんです」

「自然には自然の摂理《せつり》がある。人間の勝手を押しつけても無理。人間が自然に合わせるしかないいんです。そうしないといつか無理がきます。山に叱られているようなもんです」

「やってたらわかります。結局、人間も自然の一員なんです。それを忘れるんですね。頭で考えたとおりになると錯覚して、傲慢《ごうまん》になるんです。結果は無残なものです」

「若いときに建てた建物を見に行くと恥ずかしい思いをします。そのときはいいと思ったり、これでよかろうと思ったことが、時間がたてばひずみや隙間《すきま》になって出てくるんです。それは自分が木の癖《くせ》を読めなかったからです。でも、目をそらしたらだめです。師匠や先輩と同じように、自分でした仕事は自分を叱ってくれる先生ですから」

　木に教わり、山に叱られ、仕事に背を押され、さまざまなことを知るのですね。檜《ひのき》や杉の枝払いの仕事をしているおじいさんが手帳に「親」という字を書きながら話してくれました。

「親という字は、立木を見せると書くじゃないか。親は子供を森や山に連れていって、木がどう生きているのか、木が私たちに何を教えてくれるか、話してやらなければならないよ。それが親ですよ。親も勘違《かんちが》いしてはいかんですよ。人間が一番偉い、自然を意のままにしようなんて思うのは大間違いだ。素直な、謙虚な気持ちで見なければ、木を見ても、山に入っても何にも見えないもんだよ。そういうのは立木を見ても何にも感じないだろうね。それでは親、失格。人生やり直しだ」

長い時間かかって大きくなった木や林を前にするとき、私たちは厳粛な気持ちになるとともに、ある清涼感を覚えます。木には長い時間が蓄積されています。その前で人間は自分たちの一生の短さを知り、存在の小ささに気づかされます。枝払いのおじいさんの話はつまり、親は子を山に連れて行き、親子で木の前に立ち、子にそれを伝えよということなのでしょう。そういうチャンスはなかなか少なくなりました。

私たちは先輩たちが蓄え、つちかい、受け継いできた知恵を忘れようとしています。失おうとしているのは木の使い方や技ばかりではなく、その底にある自然への考え方でもあります。一本一本の木は異なるものです。それを承知のうえで、それぞれの性質を見ぬき、それを適材適所に使うことで、丈夫で美しいものをつくりあげていくという考えは木に限らず、人間に対しても必要なものです。

宮大工《みやだいく》の口伝《くでん》のなかには棟梁《とうりよう》の心構えとして、つぎのようなものもあります。

「木の癖組みは工人《こうじん》たちの心組《こころぐ》み」

「工人たちの心組みは匠長《しょうちょう》が工人への思いやり」

「百工《ひゃっこう》あれば百念あり、これを一つに統ずるは、これ匠長の器量なり。百論一つにとまる、これ正《しょう》なり」

「一つにとめる器量なきものは、謹《つつし》み懼《おそ》れて匠長の座を去れ」

工人とは、大工や左官や屋根屋など、働く人たちのこと。匠長はまとめ役、リーダーのことです。器量は能力と解釈すればいいでしょう。

ですから、この口伝がいっていることは、つぎのようになります。

「木の癖を見ぬき建物を組もうとするためには、働く人たちの心をまとめなければならない。百人の働く人がいれば、考えも性格も百人それぞれ違うものだ。それを一つにまとめるのが先頭に立つ人の力だ。そうでなければ立派な仕事はできないぞ。一つにまとめるためには人をよく見て仕事をしてもらわねばならない。一つにまとめる能力がないならばリーダーであることを辞めなさい」

木や自然とつきあうなかで育て上げられた木の文化・自然観は人間の社会にも通用する、私たちへの戒めでもあります。その文化が効率最優先の流れのなかでなくなろうとしています。効率主義は合理的ではありますが、自然観や生きるという観点からは見落としているものが少なからずあるのではないでしょうか。それもとても大事なものを。親から子へ自然を受け渡し、そのなかで生きていかねばならぬことを考えると、私たちは先人の残してきた知恵や考え方を、改めて見直す時期にきていることに気づかされます。

木の教えを振り返ること、それはそのまま人としての生き方を見直すことであり、未来を見る大事な視点でもあるのです。

# 解説

丹羽宇一郎

自分の今の仕事とは全く違う分野の本であっても、感動・感激する本はたくさんあります。法隆寺《ほうりゅうじ》の解体修理や薬師寺《やくしじ》の再建で棟梁《とうりょう》を務めた宮大工《みやだいく》・西岡常一《にしおかつねかず》さんの本を読んだ時に、西岡さんの仕事に対する真剣勝負の姿勢と職人の育て方に感銘を受けました。特に、西岡さんは二十七歳の若さで法隆寺の解体修理の棟梁に命じられた際は、本当に務まるか不安を感じたそうですが、自らそういう経験をした西岡さんの「後継者に仕事を任せるなら、その人間が完成してからでなく、未熟者に任せるほかないのだ」という言葉にはハッとさせられました。西岡さんは「未熟なうちに後継者として指名すると命がけで成長する、本人がまだ自分はその器ではないと思っても、与えられた責任が人を育てる」と言っています。

後継者はいつも未熟者に見えます。私は、かねがね「老人よ、トップを譲《ゆず》れ。次代を若者に委《ゆだ》ねよ」と言っていますが、西岡さんの言葉は経営のトップが後継者を選ぶ時に心すべき言葉だと思います。

この西岡さんに最後の「聞き書き」をおこない、『木のいのち木のこころ』三部作としてまとめたのが、この本の著者の塩野米松《しおのよねまつ》さんです。塩野さんは、一九四七年秋田県角館《かくのだて》の生まれで、東京理科大学卒業の作家。聞き書きの名手としても有名で、科学偏重《へんちょう》・効率重視の世の中で、失われつつある職人の技術や知識の発掘に意欲的に取り組んでいます。

この『木の教え』でも、「木」を相手に仕事をしてきた宮大工、舟大工《ふなだいく》、橋づくり職人、石屋、細工師《さいくし》、漆掻《うるしか》き師、檜皮葺《ひわだぶき》職人、漁師、炭焼きなど多くの人たちを訪問取材し、短いけれどもリアリティ溢《あふ》れる語り口として文章化された職人の口伝《くでん》や箴言《しんげん》を中心に、平易な文章で、木にまつわるさまざまな話を紹介しています。

千三百～千四百年前に建てられた法隆寺はいまも創建《そうけん》当時のそのままの美しさを保っています。およそ二百年ごとに解体修理を行ってきた宮大工たちの技法と知恵の成果ですが、最も大事なのは彼らが「千年の木は千年はもつようにしなくてはならない」との先人の教えを大事に引き継いできたことだと思います。第一部「木を生かす」では、木には「植物」としての木のいのちと「木材」としての木のいのちの「二つのいのち」があり、日本人にはこの二つのいのちを使い切る技術と知恵があったことがわかりやすく説明されています。木のいのちを使い切るためには、技術に加え、素材である木の癖《くせ》を見抜く必要もあります。「堂塔《どうとう》建立《こんりゅう》には木を買わず山を買え」、「木は生育《せいいく》のままに使え」、「木を組むには癖で組め」などの宮大工の口伝には、木のいのちを使い切る先人の知恵として感心しましたが、同時に、癖は個性であるにもかかわらず、ともすれば、あの人は癖があるなどとして有為《ゆうい》な人材を遠ざけ、その能力を活かし切れない狭量《きょうりょう》な人事政策への戒《いまし》めとしても大いに参考になるのではないでしょうか。

また、千年という樹齢を聞いた時、植物としての木の強さにも大いに共感しました。風雪《ふうせつ》に耐えて生き抜く木の力が千年を超える建造物《けんぞうぶつ》の木材の強さの原点です。かつて、社長として多額の不良債権《ふりようさいけん》を抱え、会社が破綻《はたん》しかねない逆境《ぎやっきょう》に直面しましたが、それを乗り越えることができました。人間も木も風雪を乗り越えたところに真の強さが出るのでしょう。

第二部「木の知恵」では、木造船が接着剤を使わず木の復元力を利用して水を漏《も》れなくする工夫、見た目が悪かったり、穴があいたりする欠点だらけの節にも少しの工夫で板割れを阻《はば》める長所があること、真っ直ぐな板を焼いたり、煮たり、熱湯をかけたりすることできれいに曲げる工夫など木工の知恵が紹介されています。また、「柿《こけら》」、「赤身《あかみ》と白太《しらた》」、「木表・木裏」、「柾目《まさめ》・板目《いため》」、「経木《きょうぎ》」などの木材の知識や樹液や樹皮の利用法、漆掻きなどさまざまな話題も図解入りで説明がされており、日本の文化が「木の文化」であり、木がわれわれの生活の一部であったことが自然に理解できます。

ここで興味深いテーマの一つは、「丘の上の一本木」。舟大工は、丘の上の一本木は買うなという。なぜか。一見陽の光を独占し、のびのびと育ち、材質も良さそうですが、そうではないというのです。一本木は、たった一本で激しい風にさらされた結果、幹にひずみがでてねじれや割れの原因になるというのです。なにやら、第一部の話とは矛盾もありますが、口伝の一つとして紹介しておきます。

第三部「木と生きる」では、「木」そのものとは少し離れ、有機農業の堆肥《たいひ》を通じた山と田畑のかかわり、山の木々の荒廃による水源涵養機能《すいげんかんようきのう》の低下が海・漁業へ影響すること、雑木の山の再生や植林には極めて長期を要することなど生態系に関する話題が紹介されています。そして、「長い時間かかって大きくなった木や林を前にするとき、私たちは厳粛な気持ちになるとともに、ある清涼感を覚えます。木には長い時間が蓄積されています。その前で人間は自分たちの一生の短さを知り、存在の小ささに気づかされます」、「木や自然とつきあうなかで育て上げられた木の文化・自然観は人間の社会にも通用する、私たちへの戒めでもあります。その文化が効率最優先の流れのなかでなくなろうとしています」と塩野さんの文明観と現代の効率第一主義にたいする危惧《きぐ》が述べられています。

「愚者は経験に学び、賢者は歴史に学ぶ」と言われます。塩野さんも「新しく見える知識がすべて正しいわけではありません。新しい知識にも勘違《かんちが》いがありますし、新しい知識を頼りに進んでいったら迷路に迷い込むこともあるのです。必要がないとして忘れられた古い知識が時間を経《へ》てから見直されることもあります。だから人は歴史を学び、年寄りたちの話を聞くのです」として、過去に学ぶことの大切さを述べています。そして、その有効な手段として「聞き書き」という手法を活用しておられるのだろうと思います。

この本は、「木」にまつわる広範なテーマを図解入りで取り上げており、日本人にとって最も身近な素材である「木」についての造詣《ぞうけい》を深める書であるとともに、引用されている棟梁の心構えからリーダーのあり方を考える、木や山の教えから効率最優先の現代文明をもう一度見直すなど読む人それぞれにとって示唆《しさ》を汲《く》み取ることが出来る好著だと思います。

（にわ・ういちろう　伊藤忠商事株式会社　相談役）

本書は二〇〇四年八月に、草思社から刊行されました。

思考の整理学　外山滋比古
アイディアを軽やかに離陸させ、思考をのびのびと飛行させる方法を、広い視野とシャープな論理で知られる著者が、明快に提示する。

質問力　齋藤孝
コミュニケーション上達の秘訣は質問力にあり！これさえ磨けば、初対面の人からも深い話が引き出せる。話題の本の、待望の文庫化。（斎藤兆史）

整体入門　野口晴哉
日本の東洋医学を代表する著者による初心者向け野口整体のポイント。体の偏りを正す基本の「活元運動」から目的別の運動まで。（伊藤桂一）

命売ります　三島由紀夫
自殺に失敗し、「命売ります。お好きな目的にお使い下さい」という突飛な広告を出した男のもとに、現われたのは？（種村季弘）

こちらあみ子　今村夏子
あみ子の純粋な行動が周囲の人々を否応なく変えていく。第26回太宰治賞、第24回三島由紀夫賞受賞作。書き下ろし「チズさん」収録。（町田康／穂村弘）

ベルリンは晴れているか　深緑野分
終戦直後のベルリンで恩人の不審死を知ったアウグステは彼の甥に訃報を届けに陽気な泥棒と旅立つ。歴史ミステリの傑作が遂に文庫化！（酒寄進一）

向田邦子ベスト・エッセイ　向田和子編
いまも人々に読み継がれている向田邦子。その随筆の中から、家族、食、生き物、こだわりの品、旅、仕事、私……、といったテーマで選ぶ。（角田光代）

倚りかからず　茨木のり子
もはや／いかなる権威にも倚りかかりたくはない……話題の単行本に3篇の詩を加え、高瀬省三氏の絵を添えて贈る決定版詩集。（山根基世）

るきさん　高野文子
のんびりしていてマイペース、だけどどっかヘンテコな、るきさんの日常生活って？　独特な色使いが光るオールカラー。ポケットに一冊どうぞ。

劇画　ヒットラー　水木しげる
ドイツ民衆を熱狂させた独裁者アドルフ・ヒットラーとはどんな人間だったのか。ヒットラー誕生からその死まで、骨太な筆致で描く伝記漫画。

**ねにもつタイプ**　岸本佐知子
何となく気になることにこだわる、ねにもつ。思索、奇想、妄想はばたく脳内ワールドをリズミカルな名短文でつづる。第23回講談社エッセイ賞受賞。

**TOKYO STYLE**　都築響一
小さい部屋が、わが宇宙。ごちゃごちゃと、しかし快適に暮らす、僕らの本当のトウキョウ・スタイルはこんなものだ！　話題の写真集文庫化！

**自分の仕事をつくる**　西村佳哲
仕事をすることは会社に勤めること、ではない。仕事を「自分の仕事」にできた人たちに学ぶ、働き方のデザインの仕方とは。（稲本喜則）

**世界がわかる宗教社会学入門**　橋爪大三郎
宗教なんてうさんくさい⁉　でも宗教は文化や価値観の骨格であり、それゆえ紛争のタネにもなる。世界宗教のエッセンスがわかる充実の入門書。

**ハーメルンの笛吹き男**　阿部謹也
「笛吹き男」伝説の裏に隠された謎はなにか？　十三世紀ヨーロッパの小さな村で起きた事件を手がかりに中世における「差別」を解明。（石牟礼道子）

**増補　日本語が亡びるとき**　水村美苗
明治以来豊かな近代文学を生み出してきた日本語が、いま、大きな岐路に立っている。我々にとって言語とは何なのか。第8回小林秀雄賞受賞作に大幅増補。

**子は親を救うために「心の病」になる**　高橋和巳
子は親が好きだからこそ「心の病」になり、親を救おうとしている。精神科医である著者が説く、親子という「生きづらさ」の原点とその解決法。

**クマにあったらどうするか**　姉崎等　片山龍峯
「クマは師匠」と語り遺した狩人が、アイヌ民族の知恵と自身の経験から導き出した超実践クマ対処法。クマと人間の共存する形が見えてくる。（遠藤ケイ）

**脳はなぜ「心」を作ったのか**　前野隆司
「意識」とは何か。どこまでが「私」なのか。死んだら「心」はどうなるのか。――「意識」と「心」の謎に挑んだ話題の本の文庫化。（夢枕獏）

**モチーフで読む美術史**　宮下規久朗
絵画に描かれた代表的な「モチーフ」を手掛かりに美術を読み解く、画期的な名画鑑賞の入門書。カラー図版約150点を収録した文庫オリジナル。

品切れの際はご容赦ください

**野に咲く花の生態図鑑【秋冬編】** 多田多恵子

寒さが強まる過酷な季節にあえて花を咲かせ実をつける理由とは？　人気の植物学者が、秋から早春にかけて野山を彩る植物の、知略に満ちた生態を紹介。

**花と昆虫、不思議なだましあい発見記** 田中肇／正者章子

ご存じですか？　道端の花々と昆虫のあいだで、驚くべきかけひきが行なわれていることを。花と昆虫のだましあいをイラストとともにやさしく解説。

**増補 へんな毒 すごい毒** 田中真知

フグ、キノコ、火山ガス、細菌、麻薬……自然界にあふれる毒の世界。その作用の仕組みから解毒法、さらには毒にまつわる事件なども交えて案内する。

**熊を殺すと雨が降る** 遠藤ケイ

山で生きるには、自然についての知識を磨き、己れの技量を謙虚に見極めねばならない。山村に暮らす人びとの生業、猟法、川漁を克明に描く。

**私の脳で起こったこと** 樋口直美

「レビー小体型認知症」本人による、世界初となる自己観察と思索の記録。認知症とは、人間とは、生きるとは何かを考えさせる。（伊藤亜紗）

**ゴリラに学ぶ男らしさ** 山極寿一

自尊心をもてあまし、孤立する男たち。その葛藤は何に由来するのか？　身体や心に刻印されたオスの進化的な特性を明らかにし、男の懊悩を解き明かす。

**ニセ科学を10倍楽しむ本** 山本弘

「血液型性格診断」「ゲーム脳」など世間に広がるニセ科学。人気ＳＦ作家が会話形式でわかりやすく教える、だまされないための科学リテラシー入門。

**増補 サバイバル！** 服部文祥

岩魚を釣り、焚き火で調理し、月の下で眠る――。異能の登山家は極限の状況で何を考えるのか？　生きることを命がけで問う山岳ノンフィクション。

**いのちと放射能** 柳澤桂子

放射性物質による汚染の怖さ。癌や突然変異が引き起こされる仕組みをわかりやすく解説し、命を受け継ぐ私たちの自覚を問う。（永田文夫）

**イワナの夏** 湯川豊

釣りは楽しく哀しく、こっけいで厳粛だ。日本の川で、また、アメリカで、出会うのは魚ばかりではない、自然との素敵な交遊記。（川本三郎）

品切れの際はご容赦ください

**禅**

鈴木大拙
工藤澄子訳

禅とは何か。また禅の現代的意義とは？　世界的な関心の中で見なおされる禅について、その真諦を解き明かす。（秋月龍珉）

**タオ——老子**

加島祥造

さりげない詩句で語られる宇宙の神秘と人間の生きるべき大道とは？　時空を超えて新たに甦る『老子道徳経』全81章の全訳創造詩。待望の文庫版！

**荘子と遊ぶ**

玄侑宗久

『荘子』はすこぶる面白い。読んでいると「常識」という桎梏から解放される。魅力的な言語世界を味わいながら、現代的な解釈を試みる。（ドリアン助川）

**つぎはぎ仏教入門**

呉智英

知ってるようで知らない仏教の、その歴史から思想的な核心までを、この上なく明快に説く。現代人のための最良の入門書。二篇の補論を新たに収録！

**現代人の論語**

呉智英

革命軍に参加!?　王妃と不倫!?　孔子とはいったい何者なのか？　論語を読み抜くことで浮かび上がる孔子の実像。現代人のための論語入門・決定版！

**日本異界絵巻**

小松和彦／宮田登／
鎌田東二／南伸坊

役小角、安倍晴明、酒呑童子、後醍醐天皇ら、妖怪変化、異界人たちの列伝。魑魅魍魎が跳梁跋扈する闇の世界へようこそ。挿画、異界用語集付き。

**仏教百話**

増谷文雄

仏教の根本精神を究めるには、ブッダに帰らねばならない。ブッダ生涯の言行を一話完結形式で、わかりやすく説いた入門書。

**武道的思考**

内田樹

「いのちがけ」の事態を想定し、心身の感知能力を高める技法である武道には叡智が満ちている！　気持ちがシャキッとなる達見の武道論。（安田登）

**仁義なきキリスト教史**

架神恭介

イエスの活動、パウロの伝道から、叙任権闘争、十字軍、宗教改革まで——。キリスト教二千年の歴史が果てなきやくざ抗争史として蘇る！（石川明人）

**よいこの君主論**

架神恭介
辰巳一世

戦略論の古典的名著、マキャベリの『君主論』が、小学校のクラス制覇を題材に楽しく学べます。学校、職場、国家の覇権争いに最適のマニュアル。

**生き延びるためのラカン**　斎藤環

幻想と現実が接近しているこの世界で、できるだけリアルに生き延びるためのラカン解説書にして精神分析入門書。カバー絵・荒木飛呂彦　（中島義道）

**人生を〈半分〉降りる**　中島義道

哲学的に生きるには〈半隠遁〉というスタイルを貫くしかない。「清貧」とは異なるその意味と方法を、自身の体験を素材に解き明かす。　（中野翠）

**私の幸福論**　福田恆存

この世は不平等だ。何と言おうと！　しかしあなたは幸福にならなければ……。平易な言葉で生きることの意味を説く刺激的な書。　（中野翠）

**ちぐはぐな身体《からだ》**　鷲田清一

ファッションは、だらしなく着くずすことから始まる。中高生の制服の着崩し、コムデギャルソン、刺青等から身体論を語る。　（永江朗）

**エーゲ　永遠回帰の海**　立花隆

ギリシャ・ローマ文明の核心部を旅し、人類の思考の普遍性に立って、西欧文明がおこなった精神の活動を再構築する思索旅行記。カラー写真満載。

**独学のすすめ**　加藤秀俊

教育の混迷と意欲の喪失には出口が見えないが、IT技術は「独学」の可能性を広げている。「やる気」という視点から教育の原点に迫る。　（竹内洋）

**レトリックと詭弁**　香西秀信

「沈黙を強いる問い」「論点のすり替え」など、議論に仕掛けられた巧妙な罠に陥ることなく、詐術に打ち勝つ方法を伝授する。

**希望格差社会**　山田昌弘

職業・家庭・教育の全てが二極化し、「努力は報われない」と感じた人々から希望が消えるリスク社会日本。「格差社会」論はここから始まった！

**ことばが劈《ひら》かれるとき**　竹内敏晴

ことばとこえとからだと、それは自分と世界との境界線だ。幼時に耳を病んだ著者が、いかにことばを回復し、自分をとり戻したか。

**現人神の創作者たち（上・下）**　山本七平

日本を破滅の戦争に引きずり込んだ呪縛の正体とは何か。幕府の正統性を証明しようとして、逆に「尊皇思想」が成立する過程を描く。　（山本良樹）

**兄のトランク** 宮沢清六

兄・宮沢賢治の生と死をそのかたわらでみつめ、兄の死後も烈しい空襲や散佚から遺稿類を守りぬいてきた実弟が綴る、初のエッセイ集。

**春夏秋冬　料理王国** 北大路魯山人

一流の書家、画家、陶芸家にして、希代の美食家でもあった魯山人が、生涯にわたり追い求めて会得した料理と食の奥義を語り尽す。（山田和）

**日本ぶらりぶらり** 山下清

坊主頭に半ズボン、リュックを背負い日本各地の旅に出た〝裸の大将〟が見聞きするものは不思議なことばかり。スケッチ多数。（壽岳章子）

**のんのんばあとオレ** 水木しげる

「のんのんばあ」といっしょにお化けや妖怪の住む世界をさまよっていたあの頃――漫画家・水木しげるの、とてもおかしな少年記。（井村君江）

**ねぼけ人生〈新装版〉** 水木しげる

戦争で片腕を喪失、紙芝居・貸本漫画の時代と、波瀾万丈の人生を、楽天的に生きぬいてきた水木しげるの、面白くも哀しい半生記。（呉智英）

**老いの生きかた** 鶴見俊輔編

限られた時間の中で、いかに充実した人生を過ごすかを探る十八篇の名文。来るべき日にむけて考えるヒントになるエッセイ集。

**老人力** 赤瀬川原平

20世紀末、日本中を脱力させた名著『老人力』と『老人力②』が、あわせて文庫に！　ぼけ、ヨイヨイ、もうろくに潜むパワーがここに結集する。

**東京骨灰紀行** 小沢信男

両国、谷中、千住……アスファルトの下、累々と埋もれる無数の骨灰をめぐり、忘れられた江戸・東京の記憶を掘り起こす鎮魂行。（黒川創）

**向田邦子との二十年** 久世光彦

あの人は、あり過ぎるくらいあった始末におえない胸の中のものを誰にだって、一言も口にしない人だった。時を共有した二人の世界。（新井信）

**東海林さだおアンソロジー　人間は哀れである** 東海林さだお　平松洋子編

世の中にはびこるズルの壁、はっきりしない往生際……抱腹絶倒のあとに東海林流のペーソスが心に沁みてくる。平松洋子が選ぶ23の傑作エッセイ。

品切れの際はご容赦ください

**太宰治全集**（全10巻）
太宰治

第一創作集『晩年』から太宰文学の総結算ともいえる『人間失格』、さらに『もの思う葦』ほか随想集も含め、清新な装幀でおくる待望の文庫版全集。

**宮沢賢治全集**（全10巻）
宮沢賢治

『春と修羅』、『注文の多い料理店』はじめ、賢治の全作品及び異稿を、綿密な校訂と定評ある本文によって贈る話題の文庫版全集。書簡など2巻増巻。

**夏目漱石全集**（全10巻）
夏目漱石

時間を超えて読みつがれる最大の国民文学を、10冊に集成して贈る画期的な文庫版全集。全小説及び小品、評論に詳細な注・解説を付す。

**芥川龍之介全集**（全8巻）
芥川龍之介

確かな不安を漠然とした希望の中に生きた芥川の全貌。名手の名をほしいままにした短篇から、日記、随筆、紀行文までを収める。

**梶井基次郎全集**（全1巻）
梶井基次郎

「檸檬」「泥濘」「桜の樹の下には」「交尾」をはじめ、習作・遺稿を全て収録し、梶井文学の全貌を伝える。（高橋英夫）

**中島敦全集**（全3巻）
中島敦

昭和十七年、一筋の光のように登場し、二冊の作品集を残してまたたく間に逝った中島敦——その代表作から書簡までを収め、詳細小口注を付す。

**ちくま日本文学**（全40巻）
ちくま日本文学

小さな文庫の中にひとりひとりの作家の宇宙がつまっている。一人一巻、全四十巻。何度読んでも古びない作品と出逢う、手のひらサイズの文学全集。

**内田百閒**
ちくま日本文学

花火　山東京伝　件　道連　豹　冥途　大宴会　流渦　蘭陵王入陣曲　山高帽子　長春香　東京日記　サラサーテの盤　特別阿房列車　他　（赤瀬川原平）

**阿房列車**
——内田百閒集成1
内田百閒

「なんにも用事がないけれど、汽車に乗って大阪へ行って来ようと思う」。上質のユーモアに包まれた、紀行文学の傑作。（和田忠彦）

小川洋子と読む
**内田百閒アンソロジー**
内田百閒
小川洋子編

「旅愁」「冥途」「旅順入城式」「サラサーテの盤」……今も不思議な光を放つ内田百閒の小説・随筆24篇を、百閒をこよなく愛する作家・小川洋子と共に。

**教科書で読む名作 羅生門・蜜柑 ほか**　芥川龍之介
表題作のほか、鼻／地獄変／藪の中など収録。高校国語教科書に準じた傍注や図版付き。併せて読みたい名評論や「羅生門」の元となった説話も収めた。

**現代語訳 舞姫**　森鷗外　井上靖訳
古典となりつつある鷗外の名作を井上靖の現代語訳で読む。無理なく作品を味わうための語注・資料を付す。原文も掲載。監修＝山崎一穎

**こころ**　夏目漱石
友を死に追いやった「罪の意識」によって、ついには人間不信にいたる悲惨な心の暗部を描いた傑作。詳しく利用しやすい語注付。（小森陽一）

**続 明暗**　水村美苗
もし、あの『明暗』が書き継がれていたとしたら……。漱石の文体そのままに、気鋭の作家が挑んだ話題作。第41回芸術選奨文部大臣新人賞受賞。

**今昔物語（日本の古典）**　福永武彦訳
平安末期に成り、庶民の喜びと悲しみを今に伝える今昔物語。訳者自身が選んだ155篇の物語は名訳を得て、より身近に蘇る。（池上洵一）

**恋する伊勢物語**　俵万智
恋愛のパターンは今も昔も変わらない。恋がいっぱいの歌物語の世界に案内する、ロマンチックでユーモラスな古典エッセイ。（武藤康史）

**百人一首（日本の古典）**　鈴木日出男
王朝和歌の精髄、百人一首を第一人者が易しく解説。現代語訳、鑑賞、作者紹介、語句・技法を見開きにコンパクトにまとめた最良の入門書。

**樋口一葉 小説集**　樋口一葉　菅聡子編
一葉と歩く明治。作品を味わうと共に詳細な脚注・参考図版によって一葉の生きた明治を知ることのできる画期的な文庫版小説集。

**尾崎翠集成（上・下）**　尾崎翠　中野翠編
鮮烈な作品を残し、若き日に音信を絶った謎の作家・尾崎翠。時間と共に新たな輝きを加えてゆくその文学世界を集成する。

**川三部作 泥の河／螢川／道頓堀川**　宮本輝
太宰賞「泥の河」、芥川賞「螢川」、そして「道頓堀川」と、川を背景に独自の抒情をこめて創出した、宮本文学の原点をなす三部作。

ちくま文庫

# 木《き》の教《おし》え

二〇一〇年 六 月 十 日 第一刷発行
二〇二二年十一月十五日 第六刷発行

著 者 塩野米松（しおの・よねまつ）
発行者 喜入冬子
発行所 株式会社 筑摩書房
東京都台東区蔵前二―五―三 〒一一一―八七五五
電話番号 〇三―五六八七―二六〇一（代表）
装幀者 安野光雅
印刷所 三松堂印刷株式会社
製本所 三松堂印刷株式会社


ISBN978-4-480-42707-6 C0195